cDv
DRESSLER

Ausgezeichnet mit dem Preis der Leseratten
(Sendereihe «Schüler-Express» des ZDF)

Otti Pfeiffer

EINER ZUVIEL IM KLASSENBUCH

Cecilie Dressler Verlag
Hamburg

Umschlag von Manfred B. Limmroth

4. Auflage

Gesamtherstellung: Clausen & Bosse, Leck
Printed in Germany 1987
ISBN 3-7915-1642-6

1

Für Klaus Paßmann habe ich mich immer am meisten interessiert. Na ja, interessiert – ich mag ihn eben. Lieber als alle anderen in unserer Klasse. Und ausgerechnet Klaus fängt so eine Geschichte an!
Immer der Reihe nach! Das Ganze ist so verrückt, da muß ich der Reihe nach erzählen.
Klaus ist einer, der wenig auffällt. Er ist lang und dünn, mit riesengroßen Füßen, mindestens Schuhgröße 45. Oder 46! Einmal, als es furchtbar geregnet hatte, ist mir das aufgefallen. Jemand hatte Klaus in eine Pfütze geschubst, und Klaus schrie: «Jetzt hab ich klatschnasse Füße!» Dabei zeigte er seine riesigen Schuhe, und alle mußten lachen. Ich hab mal meinen Fuß daneben gehalten. Richtig zierlich bin ich mir vorgekommen. Und das war ich damals ja wirklich nicht. Aber warum rede ich von seinen Füßen, die sind Nebensache.
Ich wollte bloß sagen, daß Klaus nicht weiter auffällt, bis auf seine Füße. Schöne Augen hat er, große, graugrüne Augen. Wenn er mich anguckt, geht es mir richtig durch, obwohl er mich bloß gleichgültig anguckt und genau wie alle anderen «Mariechen» zu mir sagt. Dabei heiße ich Marlies. Die haben schon ganz vergessen, daß ich Marlies heiße. Immer Mariechen! Sie halten mich für ein Hausmütterchen, ein Heimchen am Herd, weil ich nicht so

einfach wegkann, wenn die anderen was vorhaben. Ich muß meiner Mutter helfen. Die ist oft krank. Außerdem bin ich zu dick.
Ich *war* zu dick!
In diesen Ferien habe ich es nämlich geschafft, acht überflüssige Pfunde loszuwerden. Ha, meine Jeanshose sitzt! Aus diesem Grund hab ich mich gefreut, daß die Schule wieder anfing. Aber mir grauste auch vor dem neuen Schuljahr, denn es ist das erste Schuljahr ohne Kerstin. Kerstin, meine beste Freundin. Von Anfang an sind wir Freundinnen gewesen. Am ersten Schultag saß ich neben einer kleinen Blonden, die immer ihre Haare aus dem Gesicht blies. Schon damals hatte sie so wirre Strubbel auf dem Kopf. Das ist Kerstin. Wir haben zusammengeklebt, acht ganze Schuljahre, und das soll jetzt vorbei sein. Immer nebeneinander auf einer Schulbank, und jetzt kriegte ich eine neue Banknachbarin – Nachbarin ist noch lange nicht Freundin. So eine wie Kerstin finde ich nicht mehr.
Sie haben sie hängenlassen. «Nicht versetzt» stand unter ihrem Zeugnis. Wir haben beide geheult. Aber es nützte nichts. Kerstin glänzte nur in drei Fächern: Deutsch, Kunst, Musik. Sie versagte in Mathematik, Chemie, Physik und hielt sich in Latein nur gerade über Wasser. Irgendwann im letzten Halbjahr hat Kerstin die Hoffnung aufgegeben. Tat einfach nichts mehr für die Schule. Keiner hat ihr Mut gemacht, keiner von den Lehrern, bloß ich. Ich wollte ihr in Mathe helfen. Sie packte es nicht, wollte es auch gar nicht mehr. Sie sagte: «Ich glaube, daß ich mich mit vollem Recht weigere, meine Zeit für Mathematik zu verschwenden. Es paßt nicht zu mir, ich weiß

genau, ich brauch das nicht. Ich muß doch wohl über mich selbst bestimmen können!»
So etwas sagte Kerstin. Ich fühlte mich hin und her gerissen, klar, sie hatte recht, aber so kriegte man eben kein Versetzungszeugnis.
Kerstin war jetzt zur Realschule gewechselt, damit sie wenigstens die Fachoberschulreife schaffte. Meine neue Figur mußte mich über den Schulanfang ohne Kerstin hinwegtrösten. Auch daran war Kerstin nicht ganz unbeteiligt. Mitten in der schönsten Geburtstagskuchenschlacht konnte sie sagen:
«Keine Käsesahnetorte mehr für dich! Du bist zu dick, um Schönheitskönigin zu werden!» So paßte sie auf mich auf. Jetzt war ich also nicht mehr zu dick, ich mußte mich der Kerstin bald mal zeigen. Auf ihr Gesicht freute ich mich schon. Klaus hat meine Figur sofort bemerkt. Ich hätte gedacht, der sieht so was überhaupt nicht, und da sagt er: «Du hast dich aber verändert, Mariechen. Sieht Spitze aus, die Bluse!»
Ich mußte ja grinsen, daß er sagte, die Bluse sähe gut aus, dabei muß er doch meine Figur gemeint haben.

Es war was los am ersten Tag. Wir haben einen neuen Klassenraum bekommen. 9b steht an der Tür. Also acht Jahre Schule haben wir schon hinter uns, jetzt kommen noch fünf, wenn wir durchhalten, obwohl – es nimmt ja kein Ende! Noch ein Jahr und noch eins und noch eins und noch eins und noch eins.
Klaus sah an diesem ersten Tag ziemlich unternehmungslustig aus. Kriegte auch sofort wieder Streit mit Uli Körner. Uli, das Großmaul der Klasse. «Die Kartoffel», wie

Klaus ihn einmal in seiner Wut genannt hat. Das ist ein viel zu nettes Wort für den doofen Uli. Man muß sich vorstellen, jemand sagte «Kartöffelchen» zu ihm!
Uli und Klaus können sich nicht riechen.
«Paßmann, Paßmann, paßt sich an!» Uli reimt gern solchen blöden Quatsch und ärgert andere damit. Er braucht bloß anzufangen: «Paßmann, Paßmann ...», dann wird Klaus schon weiß vor Wut. Es muß ihn an einem Nerv kitzeln, der nichts vertragen kann. Einmal wollte er auf Uli los, aber der schmiß ihm eine Schultasche vor die Füße. Klaus stolperte und fiel hin. Die Stunde fing gerade an, und der fällige Streit blieb aus.
Aber die Abneigung muß tiefer liegen.
Der Uli hat so was Glänzendes an sich. Sieht immer Klasse aus, sogar, wenn er gerade Gammellook mitmacht. Er ist so eine Art Leithammel, kann andere mitreißen. Ich meine, bloß wegen seiner großen Klappe, nicht weil er so überragend genial ist, wie er immer tut. Das ist er nämlich gar nicht.
Irgendwie tragen die beiden einen Kampf aus, bei dem es darum geht, daß einer besser, stärker, klüger, wichtiger ist als der andere. Und Klaus fürchtet wohl, daß er nicht gewinnt. Uli hat immer Anhänger, aber daß das richtige Freunde sind, glaube ich nicht. Sogar manche Lehrer lassen sich von ihm blenden, sie scheinen es richtig traurig zu finden, wenn sie ihm in einer Arbeit eine Fünf geben müssen. Bei den anderen Schülern ist es ihnen egal, da haben sie vielleicht nichts anderes erwartet.
Uli, der Blender, Uli, der Angeber, Uli mit den Ideen, der Anstifter. Ein Langweiler ist er jedenfalls nicht, der nicht. Dem muß sich Klaus ja unterlegen fühlen!

Auch an diesem ersten Schultag führte Uli Körner das große Wort. Wie immer. Er redete von der Boing 707, in der er einen Fensterplatz gehabt hatte auf seiner Reise nach Sardinien. Sardinien! Für den genügte doch das Froschloch an der Endhaltestelle des Busses. Ich kann mir nicht vorstellen, daß er die Landschaft richtig mitgekriegt hat. Sieht doch bloß immer sich selbst!
«War kein Terrorist in deinem Flugzeug?» fragte Klaus boshaft.
«Terrorist? Du spinnst wohl!»
«Dann hättest du doch den Helden spielen können ...»
«Er hätte sich in die Hose gemacht!» spöttelte Frank Dörre.
«Ich bin mindestens mit einer Boeing 708 oder sogar mit einer 709 geflogen!» flachste Klaus.
«Du bist überhaupt nicht geflogen, höchstens mit dem Finger über die Landkarte.»
«Jedenfalls kommt man mit dem Finger auf der Landkarte weiter als nach Sardinien, zum Beispiel nach Chile.»
«Wart ihr in Chile?» fragte ich Klaus, der zufällig neben mir stand.
«Nee, aber verrat mich nicht!» sagte er freundlich.
«Also, ich zeig euch mal ein paar Fotos!» Uli Körner übertönte alle anderen. Er zog Bilder aus einer Tüte und reichte sie herum.
«Gegen den kommen wir nicht an!» flüsterte ich Klaus leise zu. «Aber wer will das schon?»
«Wer will das schon!» wiederholte er nachdenklich.
Auch wir kriegten die Bilder zu sehen. Uli Arm in Arm mit zwei hübschen Bikinimädchen. Sie himmelten ihn an.
«Das müssen doofe Mädchen sein, die auf diese Kartoffel

reinfallen!» bemerkte Klaus. Ich dachte mir, er ist vielleicht eifersüchtig. Klar, denn Klaus hatte noch keine Freundin. Wenn er bloß seine Augen aufmachte, dann hätte er eine. Nämlich mich. Aber – wie konnte ich ihm das beibringen?

Ist was mit der Emanzipation!

Wenn man Gefühle hat, kann man sie nicht zeigen. Ich kann das jedenfalls nicht.

Dann kam die Überraschung des ersten Schultages: Frau Treipel im Umstandskleid. Sie war schon in der Acht unsere Klassenlehrerin gewesen und ist es jetzt wieder. Sie ist Zucker! Wir haben sie alle gern.

«Ach du dickes Ei!» seufzte Uli so laut, daß sie es hören mußte. Wir brauchten mal einen in dieser Klasse, der dem Uli das Maul stopft.

Frau Treipel lächelte bloß. Genauso hübsch und lieb wie immer. Wir haben Deutsch und Kunst bei ihr.

«Ferien gut überstanden?» fragte sie.

«Wir ja, aber Sie?» tönte Uli.

Frau Treipel wurde ein bißchen rot. Wirklich! Sie strich mit der Hand über ihr Kleid. Ich glaube, sie merkte gar nicht, daß dadurch die Rundung ihres Körpers noch stärker sichtbar wurde.

«Ihr Schnellmerker!» sagte sie. «Ihr habt einen guten Aufklärungsunterricht gehabt, wie? Ich erwarte also ein Baby, dabei geht es mir prima, meine Nerven sind ausgeruht, wir können ungehindert an die Arbeit gehen.»

«Wann ist es denn soweit?»

«Im Januar. Ein bißchen bleibe ich euch noch erhalten.»

Uli flüsterte im Hintergrund: «Sie hat bestimmt die Pille vergessen.»

Frau Treipel ließ sich die Unterschriften der Eltern unter den Zeugnissen zeigen, gab uns den neuen Stundenplan, und dann forderte sie mich auf, die Anmeldeformulare für die Differenzierungskurse einzusammeln. Vier Wochenstunden für ein Fach nach unserer Wahl. Ich guckte auf Klaus' Anmeldung. Er hatte Spanisch gewählt. Er machte ein komisches Gesicht, als ob er aufgeregt wäre. Erst viel, viel später ist mir eingefallen, daß er zwei Zettel abgegeben hat. Aber in dem Augenblick interessierte mich nur, daß er Spanisch nahm und nicht Politik. Ich hatte nämlich Politik gewählt.
Junge, in diesem Augenblick hat die Geschichte angefangen! Und kein Mensch wußte davon!
Den Rest der Stunde brauchten wir für die Klassensprecherwahl. Klaus spielte Wahlleiter und schrieb die Namen der Kandidaten an die Tafel. Uli Körner, Tilde Gerling, Frank Dörre, Doris Meier, genannt Dopsi wegen ihrer Stupsnase.
Ich nannte Klaus Paßmann, und Uli dichtete einen neuen Singsang: «Mariechen, Mariechen, Paßmanns Liebchen.»
«Ein bißchen Ruhe, wenn ich bitten darf!» rief Frau Treipel.
Ich konnte nichts dagegen machen, daß ich rot wurde. Irgendwie weiß dieser Uli immer genau, wo er einen treffen kann.
Zu Birgit sagt er Glubschauge, weil sie dicke Brillengläser trägt, dahinter erscheinen ihre Augen unnatürlich groß. Und was mußte sich Doris wegen ihrer Stupsnase schon alles anhören: Geruchstrichter und so! Doris reagiert jedesmal wütend, dabei blähen sich ihre Nasenflügel

noch mehr als sonst. Und Uli kräht dann vor Vergnügen. Tatsächlich ist unsere Klasse ein ziemlich ungeordneter Haufen. So etwas wie Zusammenhalt, das gibt es nicht. Einige Grüppchen halten zusammen, und Uli schart mal die und mal jene um sich. Wir sind übrigens fünfundzwanzig in der Klasse. Uli bekam zehn gültige Stimmen, Klaus acht – man höre und staune! Die anderen Stimmen verteilten sich auf die übrigen Bewerber. Einige Zettel waren ungültig, weil ein paar sich Tarzan und Donald Duck als Klassensprecher gewünscht hatten. Uli spielte den großen Wahlsieger, nahm die Wahl dankend an und versprach, die Interessen der Mitschüler wahrzunehmen.
O je, Uli Körner als Klassensprecher!
Er merkte gar nicht, daß er mit zehn Stimmen noch nicht einmal die Hälfte von uns auf seiner Seite hatte.
Wir sind eben nicht alle unter einen Hut zu kriegen.

2

Keiner hat sich etwas dabei gedacht, als Frau Treipel am nächsten Tag sagte:
«Wir haben einen neuen Schüler in der Klasse. Er ist mir leider noch nicht vorgestellt worden. Lutz Windig. Na, wo steckt er denn?»
«Ham wir nicht!» sagte Uli Körner.
«Kennt ihn jemand?» fragte unsere Mami. «Er wohnt Goethestraße 23. In dem Neubauviertel.»
Da ich rechts vorne sitze, habe ich einen guten Blick über die Klasse, zufällig sah ich zu Klaus Paßmann rüber. Vielleicht nicht ganz zufällig. Er wurde rot. Er rutschte auf seinem Stuhl hin und her und sagte plötzlich:
«Wenn das so ein großer Blonder ist, dann hab ich den schon gesehen!»
Frau Treipel trug den Neuen als fehlend ein und begann mit dem Unterricht.
Komisch, dachte ich, wen meint er denn. Mir war kein großer Blonder aufgefallen, den ich noch nicht kannte.
In der nächsten Stunde hatten wir Musik bei Dr. Knoll. Wir gingen alle in den Musikraum, wo der Flügel steht und obendrein eine ganz tolle Stereoanlage.
Leider benutzt Dr. Knoll sie nicht, nur mal für klassische Musik. Dr. Knoll schwebt meistens in den höheren Regionen der Musik, dann kann man ihm ganz gut auf der Nase rumtanzen. Das tun wir auch, schon deshalb, weil er nie auf unsere Wünsche eingeht. Könnte er nicht was Modernes spielen? Immer Beethoven und noch mal Beethoven!

Wir sind oft sauer auf ihn. Aber was soll's? Er merkt es gar nicht. Hat was anderes im Kopf.
Die Pause war vorbei. Wir waren alle im Musikraum versammelt. Dr. Knoll kam nicht. Es war ein Höllenlärm. Plötzlich gab es Streit um eine Coladose. Uli riß sie Gerd aus der Hand, der schrie, er wollte sie wiederhaben.
«Hol sie dir doch!» rief Uli. Gerd rückte ihm auf den Pelz, Uli stieg auf eine Bank und warf die Dose Frank Dörre zu, die braune Brühe spritzte durch die Gegend. Tilde kriegte das meiste davon auf ihr T-Shirt. Sie quietschte wie ein Schweinchen, schnappte die Dose und warf sie mit voller Wucht gegen die Wand.
Leider hing ein Bild an der Wand. Iphigenie unter Glas.
Das Land der Griechen mit der Seele suchend.
Iphigenie zersplitterte, nein, nur das Glas. Iphigenie wurde mit Cola getauft.
Die Scherben rieselten auf den Fußboden.
Tilde erstarrte vor Schreck. Uli wollte sich vor Lachen kringeln. Die anderen waren einen Augenblick lang still. Ein spitzer Splitter zerteilte Iphigeniens Hand. Gut, daß wenigstens kein Blut floß!
Da hatten sie Tilde schön was eingebrockt!
Arme Tilde, dachte ich, und das bloß, weil diese Kartoffel, der Uli, dem Gerd die Cola nicht gönnte!
Ich machte den Vorschlag, schnell das Bild verschwinden zu lassen, so einen alten Schinken würde schon keiner vermissen.
Aber Franks Vorschlag war noch besser: «Wir brauchen doch bloß die Scherben aus dem Rahmen zu ziehen, dann sieht es genauso aus wie vorher!» sagte er.

«Also los!» rief Uli und wollte die Angelegenheit in die Hand nehmen, als die Tür aufging und Dr. Knoll hereinkam. Er trat sofort auf eine Scherbe. Es knirschte laut. Wir hörten es vielleicht nur deshalb so laut, weil es bei Dr. Knolls Eintritt mit einem Schlag still geworden war. Auch Dr. Knoll hörte das Knirschen unter seinem Fuß.
«Was ist hier los?»
Keine Antwort. Na, er brauchte nicht lange zu forschen, ein Blick genügte, Iphigenie tropfte noch.
«Wer war das? Wer hat das getan?» Wenn Dr. Knoll einmal wach ist, kann er auch energisch werden.
Wieder Stille. Keine Antwort.
Dr. Knoll stieß die Scherben zur Seite und ging zum Pult. Er schlug das Klassenbuch auf.
«Der Schaden muß dem Direktor gemeldet werden. Wenn keiner für den Streich geradestehen will, gibt es einen Klassentadel.»
Tilde meldete sich.
In diesem Augenblick sprang Klaus auf und sagte:
«Das hat der Neue gemacht. Lutz Windig. Aber der ist gleich abgehauen, als es passiert ist.» Seine Stimme krächzte ein bißchen. Tilde sah ihn verblüfft an. Ihr Finger ging wieder runter.
«Ich muß ihn ins Klassenbuch eintragen. Er soll sich beim Herrn Oberstudiendirektor melden. Lutz Windig. So etwas kann man nicht durchgehen lassen ...»
Dr. Knoll schlug umständlich das Klassenbuch auf, suchte die richtige Seite und schrieb.
Schon ging das Getuschel los.
Wie kann Klaus den Neuen gleich in eine solche Sache hineinreißen? Das war nicht fair. Lutz Windig! Irgend-

etwas war faul an diesem Lutz. Warum hatte er sich noch nicht sehen lassen? Ich schrieb Klaus ein Briefchen:
«Warum hast du das gemacht?»
«Ich erkläre es dir gleich!» kritzelte Klaus darunter.
Ich war unheimlich gespannt und mußte noch eine ganze Stunde Beethoven über mich ergehen lassen. Freude, schöner Götterfunken! Endlich klingelte es zur Pause. Ich seufzte vor Erleichterung.
Es war still, bis Dr. Knoll die Klasse verlassen hatte. Dann fielen alle über Klaus her. Zuerst bedankte sich Tilde, daß er sie gerettet hatte. Die anderen fanden sein Verhalten dem Neuen gegenüber unmöglich.
«Der kriegt einen Brief nach Hause und ist total unschuldig!» rief einer.
«Ruhe jetzt, Klaus Paßmann hat das Wort!» bestimmte Uli. Wozu war er Klassensprecher?
«Also, die Sache ist die ...» begann Klaus. Er machte eine kleine Pause und platzte dann heraus:
«Ich hab den Neuen erfunden. Lutz Windig. Einfach so. Den gibt es gar nicht.»
«Erfunden?» rief Frank Dörre. «Das mußt du erklären.»
Tilde schien sofort begriffen zu haben.
«Das ist einsame Spitze! Ein Sündenbock für alles!»
Das war ja ein tolles Ding! Ich saß da und staunte. Begriff ich das richtig? Die anderen fragten durcheinander, hielten die Sache für Blödsinn. Uli sagte:
«Das hätte ich dem Paßmann gar nicht zugetraut.» Darin steckte Anerkennung. «Wie bist du darauf gekommen?»
«Das war ganz einfach. Ich hatte aus Versehen zwei Anmeldeformulare für unsere Differenzierungskurse gekriegt. Erst hab ich meinen ausgefüllt und wollte den an-

deren schon wegschmeißen. Ich weiß nicht warum, aber plötzlich hatte ich die Idee, den Zettel mit einem erfundenen Namen auszufüllen. Wie findet ihr ‹Lutz Windig›?»
«So heißt doch kein Mensch!» rief Uli lachend.
«Lutz wohnt in der Goethestraße 23, die Nummer gibt es nämlich gar nicht. Er hat alles – Geburtsdatum, Geburtsort, Telefon, und die Unterschrift ist von Gerda Windig, seiner Mutter, weil er keinen Vater hat, der reist in der Weltgeschichte rum. Wie gefällt euch das?»
Klaus merkte – ich merkte es ja auch –, daß die Stimmung für Lutz Windig günstig war. Natürlich. Die Idee war ja prima. «Ihr könnt mich natürlich in die Pfanne hauen. Aber ich dachte, mal sehen, was draus wird. Mami Treipel hat den Lutz ins Klassenbuch eingetragen. Wir haben einen Mitschüler mehr, auch wenn er bloß auf dem Papier steht.»
Klaus wirkte richtig aufgedreht. Ausgerechnet Klaus, den ich für schüchtern gehalten habe, machte so etwas! Und warum?
«Unser Neuer ist ein Knüller!» brüllte Uli.
«Und wenn es rauskommt?»
«Wir werden ja sehen! Ich glaube, das hat es in der Schulgeschichte noch nicht gegeben. Und bevor sie es rauskriegen, werden wir unsere Pauker und die ganze Mistschule richtig an der Nase herumführen!» sagte Siegfried glücklich.
«Wir schlachten Lutz Windig aus, bis sich die Pauker grün und blau geärgert haben!»
«Macht ihr alle mit?» fragte Klaus.
«Na klar, was für ungeahnte Möglichkeiten eröffnet der Neue! Das müssen wir erst mal richtig durchdenken!»

Auf dem Gesicht von Frank Dörre stand erwartungsvolle Freude.
Doris blähte ihre Nasenflügel. Wir lachten. Wir fühlten uns auf einmal wie eine große Familie.
Uli sagte mal wieder das Richtige:
«Jetzt müssen wir alle zusammenhalten. Klar?»
Klar. Ich beobachtete Klaus und merkte, daß er sich freute, von Uli akzeptiert zu werden. Ich fand das komisch, es ärgerte mich auch, denn Uli hatte sich nicht zu seinem Vorteil verändert bloß dadurch, daß er Klaus plötzlich anerkannte. Er war wie immer, laut und frech und darauf erpicht, im Mittelpunkt zu stehen.
«Einer muß zum Hausmeister gehen und Bescheid sagen, daß die Scherben hier verschwinden», warf ich in den allgemeinen Rausch.
«Mariechen, das Hausmütterchen!» Auf Ulis Kommentare konnte ich verzichten.
«Das mache ich!» sagte Tilde und verschwand.

3

An diesem Tag kamen so viele mit zu unserem Bus, daß wir gar nicht alle nebeneinander gehen konnten. Alles wegen Klaus!

Ich ging also hinterher. Uli drängte sich am meisten vor, wollte nur neben Klaus gehen, machte sich richtig dick. Er paßte seinen Schritt an Klaus' Schritt an, hopste einmal, dann waren sie im Gleichschritt. Er faßte Klaus am Arm, redete auf ihn ein. Klaus lachte.

An der Bushaltestelle bildeten wir einen großen Kreis. Was die alles für einen Blödsinn redeten! Uli wollte Dieter Wolle dazu überreden, ein paar weiße Mäuse zu besorgen. Die sollten dann unserer Mami Treipel vor die Füße laufen.

Dieter ist unser Naturforscher, er kennt alles, was Fell, Flossen, Hörner, Schwanz und Flügel hat. Wolle meinte aber, seine Tiere seien ihm für Schulstreiche zu schade, und Klaus – das fand ich prima – sagte sofort:

«Keine dummen Witze mit Mami Treipel! Da mach ich nicht mit. Erstens weil sie ein Kind kriegt, zweitens weil sie einfach Klasse ist und drittens überhaupt.»

«Du bist wohl in sie verliebt?» höhnte Uli.

Verliebt in Mami Treipel? Das konnte doch wohl nicht wahr sein! Es stimmte allerdings, daß er bei ihr besonders gut war. Sonst schwamm er so im Mittelfeld wie ich auch, nur bei Mami Treipel kam er immer groß raus. Aber verliebt in Mami Treipel? Blödsinn. Ich schob den Gedanken von mir.

«Zuerst nehmen wir Bulle aufs Korn!» rief Siegfried.

«Das ist ein Notenverbrecher. Immer ernte ich bei ihm Fünfen. Dabei bietet er selbst nichts, seine Stimme schläfert mich ein, narkotisiert mich einfach.»
Siegfried, ach Siegfried! Unser Klassenclown mit beschränkter Haftung.
«Lutz macht das schon.» Tilde seufzte. «Er ist mein Freund. Von heute an gehe ich mit ihm.»
«Du kriegst den Hals wohl nicht voll!» sagte Dopsi.
«Du hättest ihn dir ja auch angeln können.» Tilde drehte sich um sich selbst und lachte. Manchmal hatte sie solche Anfälle. «Bloß keine Eifersucht! Lutz gehört uns schließlich allen.»
Jetzt kam der Bus. Klaus und ich stiegen ein. Plötzlich standen wir beide allein nebeneinander – wenn man die anderen Fahrgäste nicht mitzählen will.
«Echt gut, dein Lutz Windig!» sagte ich. Ich fand mich reichlich blöd, weil ich nur wiederholte, was alle anderen auch schon gesagt hatten. Aber er hörte es trotzdem gern, denn er lächelte und sah mich richtig an.
«Komisch – erst war es eine ganze Woche lang mein Lutz, meine Idee. Kaum hab ich was von ihm erzählt, gehört er mir gar nicht mehr. Wie Uli sagte, Lutz gehört uns allen.»
«Wie hast du dir das denn vorgestellt?»
«Ich hab mir eigentlich gar nichts vorgestellt. Ich glaubte nicht daran, daß es klappen würde. Aber nun steht Lutz im Klassenbuch, gleich zweimal! Dr. Knoll hat ihm ja einen Tadel verpaßt, und Mami Treipel hat ihn als Schüler Nummer 26 eingetragen. Ich hab nachgesehen.»
«Wie bist du bloß auf die Idee gekommen?»
«Ich weiß nicht. Sie war da, als ich den doppelten Zettel

fand. Vielleicht hab ich mir einen heimlichen Freund vorgestellt.»
Er wirkte ein wenig verlegen. Dann fiel ihm Uli Körner ein. «Hast du gemerkt, wie Uli mir um den Bart geht?» fragte er.
«Der will bloß mitmischen», sagte ich schnell.
«Du magst ihn nicht besonders?»
«Nein, du etwa? Meistens hackt er auf anderen herum, und du hast doch auch nicht viel mit ihm am Hut gehabt – bis jetzt!»
«Das stimmt», sagte er und lächelte mich an.
Ausgerechnet jetzt hielt der Bus. Es war Klaus' Haltestelle, und er stieg aus. Bei der nächsten muß ich aussteigen. Eigentlich könnte Klaus genausogut noch eine Haltestelle weiterfahren und mit mir zusammen aussteigen. Er müßte dann zwar ein Stück zurücklaufen, aber der Fußweg wäre ungefähr der gleiche. Natürlich sparte er das bißchen Zeit, das der Bus für die Strecke zwischen den Haltestellen braucht.
Ich wünschte mir schon lange, daß er einmal meinetwegen weiterführe. Ich könnte natürlich auch mit ihm aussteigen, aber das mache ich nicht. Wie sähe das aus? Doch so, als ob ich ihm nachliefe! So deutlich konnte ich ihm nicht zeigen, daß ich ihn mochte.
Ich dachte mir, ich bin blöd, daß ich das nicht zeigen kann. Andere können es. Zum Beispiel Tilde. Die brachte es fertig, solche Sachen zu sagen: «Hast du nicht Lust vorbeizukommen?» Zu einem wildfremden Jungen!
Oder: «Ruf mal an, Telefon 2323. Kann sich jeder merken! 2323.»
Aber Tilde war hübsch. Und selbstbewußt. Sie nahm

selbstverständlich an, daß jeder glücklich war, mit ihr zusammen zu sein. Vielleicht half mir die Geschichte mit diesem Lutz Windig. «Soll ich mit dir aussteigen?» könnte ich fragen. «Dann reden wir noch ein bißchen zusammen ...»
Gut. Das mach ich, eines Tages.

4

Die Sonne schien. Sie schien in unser Klassenzimmer und kitzelte mich an der Nase. Wir hatten die erste Geschichtsstunde nach den Ferien.
Bei Bulle! Er langweilte uns mit dem Absolutismus. Aber wir konnten ihm nicht sagen, daß er uns langweilte. Lehrern durfte man nicht zeigen, wie gleichgültig einem alles war. Wer auch immer da vorn auf uns einredete, er erwartete, daß wir alles getreulich schluckten, verdauten und bei der nächsten Abfragung wieder ausspuckten.
Und Bulle war besonders schlimm, der mit seinem blonden Bärtchen, das wohl jugendlich wirken sollte.
In der Pause sagte Uli: «Wird Zeit, daß Lutz Windig auf den Putz haut. Er ist reif.»
«Wer hat einen schönen Rappelwecker?» fragte Siegfried. «Wenn wir Bulle mit einem Wecker wachrappelten, das fänd ich schön. Der hat's verdient!»
Einen Wecker in der Geschichtsstunde losgehen lassen! Die anderen hielten das für eine gute Idee. Dieter Wolle rief sofort, er hätte den richtigen Wecker für Bulle. Den würde er mitbringen. In der nächsten Geschichtsstunde war es soweit.
Wolle hatte einen Wecker mitgebracht – ein wahres Monster von einem Wecker mit zwei großen Messingglocken, zwischen denen ein Klöppel hin und herschlug, wenn er losging. Wir machten einen Zettel an den Wecker:
«Wachet auf, wachet auf, es krähet der Hahn! Herzliche Grüße von Lutz Windig!»
Wir schlossen den Wecker im Klassenschrank ein.

Als Bulle hereinkam, saßen wir mucksmäuschenstill auf unseren Plätzen. Das muß ihm schon komisch vorgekommen sein.
Uli schaute Bulle betont freundlich an.
Bulle sah sich um. Wie in jeder Stunde legte er sein rotes Zensurenbuch deutlich sichtbar aufs Pult. Daneben seine Armbanduhr mit Sekundenzeiger. Wenn er nicht gerade mit monotoner Stimme seine Vorträge herunterleierte, fragte er ab. Man hatte eine halbe Minute Zeit. Das nannte er, eine Chance geben!
«Der Absolutismus!» sagte er mit leiser Stimme. «Mal sehen, was in euren Köpfen hängengeblieben ist!»
Blick ins Lehrernotizbuch:
«Siegfried Hummel, was kannst du uns über den Aufbau des absolutistischen Staates erzählen?»
Der arme Siegfried! Ich hab ja schon gesagt, daß er unser Klassenclown ist, vergißt fast immer irgend etwas. Wenn er aber mal gelernt hat, versucht er mit Gewalt, es an den Mann zu bringen. Alle Lehrer wissen, wenn er sich nicht stürmisch meldet, hat er nichts getan. Bulle kannte Siegfried nicht so gut. Das heißt, er kannte kaum einen von uns, er ging nach seinem roten Buch vor. Da kam jeder mal dran.
«Der Aufbau des absolutistischen Staates, also, der ist so aufgebaut. Der König regiert allein ...» Pause.
«Ja», sagte Bulle huldvoll.
«Ich glaube ...» sagte Siegfried.
«Was du glaubst, ist mir gleichgültig!» Siegfrieds Zeit war abgelaufen. Er wußte sowieso nicht, was er glaubte.
«Fortfahren: Lutz Windig. Von dir habe ich noch nichts gehört.»

Es war sehr still in der Klasse. Würde er merken, daß es keinen Lutz Windig gab?
Er behielt seine Uhr im Auge.
«Dreißig Sekunden und keine Antwort!» sagte er leise. «Die Chance verpaßt ... Fünf.»
Ohne aufzublicken, trug er die Note in sein Zensurenbuch ein. Wie auf ein geheimes Kommando fingen wir alle an zu lachen. Uli kriegte sich vor Lachen nicht mehr ein, Tilde gickerte mit ihrer hohen Stimme über alle anderen hinweg. Klaus gluckste in sich hinein.
Bulle war ganz schön irritiert. Er begriff nicht, was er für einen Witz gemacht hatte.
Genau zu dem Zeitpunkt, wo er hoffen konnte, von uns gehört zu werden, schrie er: «Ruhe!»
Dieter Wolle meldete sich. Dieter ist einer von den Stillen, die aber gut mitarbeiten, Bulle mochte ihn. Andere, die auch still sind, nannte er mit Vorliebe «Drückeberger», aber zu Dieter hatte er das noch nie gesagt.
Er nahm Dieter dran.
«Mit Ludwig XIV. beginnt eine Herrschaftsform, die man Absolutismus nennt, weil der König selbst und absolut regiert – man redet nicht mehr vom Staat und vom Staatsgesetz, sondern vom Willen des Königs ...»
«Ich unterbreche nicht gern jemanden, der eine gute Antwort gibt, aber ich wollte im Augenblick nichts über Ludwig XIV. hören, sondern über euer Gelächter», sagte Bulle nicht unfreundlich. «Du hast doch mitgelacht. Worüber?»
«Haben Sie es nicht gesehen?» fragte Wolle zurück. Damit begann das Gelächter von neuem.
«Ihr Chaoten, ihr seid ja nichts anderes als Chaoten!»

schimpfte Bulle. Er war jetzt total verunsichert, das merkte man.
«Wir fahren fort. Schluß mit der Alberei!»
Wir kriegten die Definition des Absolutismus mühsam zusammengestoppelt. Wir warteten und warteten.
Wann ging endlich der Wecker los?
«Also schreibt man ihm das Wort zu: ‹Der Staat, das bin ich.›»
Der Wecker schrillte. Bulle zuckte mitten im Wort zusammen. Der Wecker machte einen unheimlichen Krach.
Und wir – wir saßen vollkommen still. Kein Lachen, kein Flüstern.
Bulle sprang auf.
Der Wecker rappelte, schepperte, schrillte, er hörte gar nicht mehr auf.
«Der kann ja Tote aufwecken!» sagte Uli plötzlich.
Ich glaube, daß keiner sich vorgestellt hatte, wie lange so ein Wecker rappelt, der bis zum Ende aufgezogen worden ist. Bulle wurde langsam rot. Aber er sagte nichts.
Der Wecker brüllte uns in die Ohren. In so einem Augenblick kriegt sogar ein simpler Wecker was Dramatisches!
Plötzlich war es still.
Wir warteten gespannt auf Bulles Reaktion. Irgendwie mußte er ja reagieren. Wir konnten förmlich sehen, wie er sich zusammennahm, Ruhe bewahrte. Ruhebewahren gehörte zu seinen Prinzipien.
Er setzte sich wieder an sein Pult. Schweigend beobachtete er uns. Ich dachte, der explodiert gleich. Er schwieg immer noch. Wahrscheinlich, um Zeit zu gewinnen. Vielleicht hatte er auch Angst. Er war so ein Typ, der nicht gern Fehler macht oder zugibt, einer, der möglichst nie

eine Schwäche zeigt. Aber gerade deshalb wirkte er auf uns kalt und gefühllos, gar nicht wie ein Mensch, den man mal um Rat fragen könnte.

Ich mochte ihn nicht, trotzdem tat er mir ein bißchen leid, aber nur solange er schwieg.

«Wer hat das gemacht?» fragte er mit seiner gewöhnlichen, leisen Stimme. Drohend.

Keine Antwort.

«Wer ist Klassensprecher?»

«Ich!» Uli stand auf, wartete.

«Hol das Ding aus dem Schrank!» Uli ging zum Schrank. Er öffnete zuerst die falsche Tür, tat, als ob er den Wekker suchte, öffnete dann die andere Tür. Er brachte den Wecker zum Pult.

Bulle überflog den Zettel mit Lutz' herzlichen Grüßen. Man konnte sehen, wie mühsam er sich beherrschte.

«Lutz Windig!» rief er. «Komm hierher!»

Er suchte die Gesichter ab, neugierig, wer jetzt aufstehen würde.

«Lutz Windig!» rief er.

Klaus meldete sich.

«Was ist? Heißt du Lutz Windig?»

«Er ist schon nach Hause gegangen!»

Wie der lügen konnte, wurde noch nicht einmal rot dabei. Das hätte ich von Klaus nicht erwartet. Ganz neue Seiten zeigten sich bei ihm.

«Die Sache wird ein Nachspiel haben. Ein feiger Bursche!»

Nachspiel haben, Nachspiel haben! sagte ein Echo in meinem Kopf. Bulle zog sich das Klassenbuch heran und trug einen langen, langen Satz ein.

Die Spannung in der Klasse ließ nach. Es hatte geklappt: Wir hatten Bulle einen Streich gespielt, wenn er auch noch so blöd war, und Lutz Windig mußte büßen, wir nicht.
«Lutz Windig kann sich den Wecker beim Oberstudiendirektor abholen. Ich nehme ihn mit.»
Jetzt machte Wolle ein dummes Gesicht. Es war sein Wecker.
Bulle gab uns allen zusammen noch eine Strafarbeit auf: Aufsatz über die Auswirkungen des Absolutismus auf Wirtschaft und Recht.
Uli motzte: «Wir sehen gar nicht ein, daß wir eine Strafarbeit für Lutz Windig machen sollen!»
«Das glaube ich gern», sagte Bulle. Er fühlte sich schon wieder Herr der Lage. «Einsicht ist nicht eure Stärke! Am Donnerstag sammle ich die Arbeiten ein. Bestellt eurem Freund, daß auch von ihm eine Arbeit vorliegen muß.»
Noch bevor die Stunde zu Ende war, packte Bulle seine Bücher ein und blickte starr und hochmütig in die Klasse. So saß er bis es klingelte.
Die Situation hatte wieder etwas Komisches: Erst war es still, plötzlich hörte ich unterdrücktes Kichern, dann gab es lautes, offenes Gelächter.
Beim Pausenzeichen verschwand Bulle.
«Lutz Windig ist ein Schatz ...» sang Tilde und tanzte im Klassenzimmer herum.
«Und mein Wecker? Wie kriege ich meinen Wecker zurück?» fragte Dieter. «Ohne den werde ich morgens gar nicht wach!»
«Das ist doch ganz einfach! Wir holen ihn bei Plotze ab!» versprach Klaus: «Oder du kriegst einen neuen.»
Klaus der Aktive! Klaus im Mittelpunkt.

Ich konnte nur staunen. Aber er gefiel mir. Er gefiel mir immer noch oder immer noch besser. Ich hatte keine Hoffnung, daß er mich überhaupt bemerkte, jetzt, wo er so im Mittelpunkt stand. Ab und zu guckte er mich an. Aber ich glaube, er hätte auch in meine Richtung geguckt, wenn dort eine Kuh gestanden hätte. Ich bin eine blöde Kuh! sagte ich mir.

5

Die Pausen sind immer wie winzige Ferien, besonders wenn das Wetter so schön ist. Es war ja immer noch Sommer. Unsere Schule liegt in der Nähe des Flusses. Der Schulhof geht in eine Wiese über, dann kommt ein Spazierweg mit Bänken am Fluß entlang. Da gehen wir oft hin. Wer keinen Platz auf der Bank ergattert, der legt sich lang ins Gras.
Es war Pause. Ich rannte zum Fluß. Dort legte ich mich ins Gras, streckte mich auf dem Rücken aus und schaute in den Himmel. Neben der Schule sofort Himmel. Das kann man gar nicht begreifen. Und was für ein Himmel! Eine einzelne Wolke trudelte sanft dahin, sie sah aus wie ein Baum mit großer Krone und unten mit ebensogroßem Wurzelballen.
Jemand kitzelte mich mit einem Grashalm.
«Na, laß das!» sagte ich, und dann sah ich, daß es Klaus war, der sich neben mir niederließ.
«Guck mal die Wolke. Wie sieht sie aus?»
«Eine riesengroße Hantel für einen Gewichtheber der Spitzenklasse.»
Ich mußte lachen. Klaus hatte recht, aber mir gefiel die Wolke als Baum mit Krone und Wurzeln besser.
«Magst du meinen Apfel?» fragte Klaus.
«Was ist denn nun kaputt?» sagte ich überrascht. Mir rutschte das so raus, bevor ich denken konnte. Klaus meinte, er müßte mir erklären, warum er mir einen Apfel anbot. Brauchte er gar nicht. Ich freute mich.
Er hätte jeden Tag Äpfel in seiner Schultasche, sagte er.

Er legte nicht so viel Wert drauf. Es klang nach Entschuldigung. Nun wußte ich es genau.
«Nett von dir. Danke.»
Ich ließ mich wieder ins Gras fallen. Guckte in den Himmel. Vergaß die Schule. Den Wecker von vorhin. Der Wolkenbaum hatte sich in die Länge gezogen, sah nach einer Sechs aus.
Hoffentlich ging die Pausenklingel nicht so bald. Ich hätte immer so liegen mögen, Sonne und Himmel im Gesicht und Klaus neben mir. Schön. Ich fühlte die Erde unter mir leicht vibrieren, weil Hunderte von Schülerfüßen darauf herumhopsten. Ich rollte mich auf den Bauch, sah bloß Beine, viele Beine, dann das Gesicht von Klaus. Er sah mich an.
Wenn er nichts von mir wissen will, soll er mich nicht so angucken, dachte ich.
«Du ißt ja den Apfel nicht», sagte er.
«Ich hebe ihn mir auf. Für schlechte Zeiten.»
«Du kannst morgen wieder einen haben.»
«Gut. Morgen zur gleichen Zeit am gleichen Platz.»
Er lachte. Wir hatten eine Verabredung.
Die Schulglocke zerriß unsere Stimmung, so eine ganz kleine zärtliche Stimmung. Ich kriegte gerade Mut, irgend etwas Verrücktes zu sagen.
Klaus stand auf, klopfte trockenes Gras von seiner Hose.
«Komm.»
«Scheißschule», sagte ich und blieb liegen.
«Willst du blaumachen?»
Ich blinzelte zu ihm auf. «Machen wir blau?»
«Wir machen nicht blau.»

Genauso war es. Wir waren brav, obwohl wir etwas anderes im Kopf hatten als Erdkunde bei Meier. Ich jedenfalls hatte was anderes im Kopf. Klaus vielleicht auch. Jetzt erst begriff ich richtig, was passiert war. Zum erstenmal hatten wir zusammengehockt. Klaus war von sich aus zu mir gekommen.
Meine Wut auf Meiers Erdkundestunde schwand. Ich stand auf. Ließ mir helfen. Nahm seine Hand, hielt sie länger als nötig. Und er hielt meine Hand fest. Ich wußte nicht, wie ich sie wieder loswerden sollte. Eigentlich wollte ich sie ja auch gar nicht loswerden, aber es war mir ungewohnt, an seiner Hand zu gehen. Was war los? Ich nahm meine Hand zurück, als gehörte sie mir nicht.
Ich paßte nicht auf bei Meier. Er erschreckte mich, als er plötzlich lauthals losschimpfte:
«Ihr faulen Vollidioten!» Offenbar lenkte das Sommerwetter auch die anderen von der Arbeit ab.
Faul. Vielleicht würden wir gern etwas Sinnvolles tun, wenn Meier uns etwas Sinnvolles zu tun angeboten hätte. Aber was hatte er schon zu bieten? Erdölvorkommen in der Welt, produzierte Mengen graphisch darstellen. Auf einen Blick erkennbar, daß in Kuweit mehr Öl verkauft wurde als im Iran. Stimmte das aus? Wer kann sich unter Millionen Barrels etwas vorstellen? Hundert Millionen mehr oder weniger, was machte das aus? Ich hatte zu Hause versucht, verschieden hohe Säulen zu zeichnen für jedes Land, das Öl produzierte. Interessant war nur die mickrige Säule für das Öl aus dem Emsland.
Inzwischen schimpfte Meier weiter. Was wollte er machen? Striche, Striche ins Notizbuch für jedes auffällige Verhalten: Schularbeiten vergessen, Schularbeiten nicht

gemacht, Unaufmerksamkeit, Stören und so weiter und so weiter. Wir Schüler können für jeden Mucks einen Strich ernten. Mehrere Striche neben einem Namen ...
«Dann muß ich eben die Eltern benachrichtigen. Wenn ihr das so wollt ... Schade, daß man auch bei euch noch zu diesen alten Mittelchen der Disziplinierung greifen muß! Wenn ihr nicht freiwillig Ordnung akzeptiert, werde ich euch zur Ordnung erziehen müssen!»
«Meier ist der nächste!» flüsterte Uli Körner. «Lutz muß zuschlagen!»
«Redet da noch einer? Siegfried, zeig deine graphischen Darstellungen!»
Der arme Siegfried. Immer erwischten sie ihn. Aber es war kein Wunder, wenn man ihn erwischte.
«Mal sehen, wo sie ist!» sagte Siegfried freundlich zu Herrn Meier, gerade so, als brauchte er sie nur aus der Tasche zu holen.
«Los, Hummel! Beeil dich.»
Aber Siegfried hatte Zeit. Er zog seine Schultasche hervor, begann umständlich den Inhalt auszuräumen, zuerst den Atlas. Er blätterte ihn durch von hinten nach vorn, von vorn nach hinten. Keine Zeichnung. Er angelte sein Butterbrot heraus, von dem er schon abgebissen und das er nicht wieder ordentlich in die Tüte gesteckt hatte. Er leckte seinen Daumen ab. Das Etui kam als nächstes. Er hatte eine Menge Sachen in seiner Schultasche: Feuerzeug, Tabakpaket, Deutschbuch «Wort und Sinn», Notizblock, vier, fünf, sechs Hefte, Geschichtsbuch, ein einzelner Kugelschreiber, lose Blätter, ein Kamm, eine Taschenlampe, das Chemiebuch.
«Sag mal, bist du verrückt geworden? Hast du die Zeich-

nung oder nicht?» donnerte Meier vom Pult herunter. Jetzt nahm Siegfried die Schultasche, drehte sie um, schüttelte sie kräftig. Flusen, Papierkrümel, ein Radiergummi, Büroklammern flogen auf die Erde.
«Nichts», sagte Siegfried freundlich-unschuldig. Sein Mund stand ein bißchen offen. «Ich habe sie wohl vergessen.»
«Verdammter Zirkus!» brüllte Meier. Natürlich kam er sich verulkt vor. Kein Wunder, daß er sich ärgerte.
«Hummel, keine Hausaufgaben gemacht. Erster Strich im Buch. Für Verzögerung des Unterrichts den zweiten. Sieh dich vor, Junge, das lasse ich mir nicht noch einmal bieten.»
Siegfried nahm die Drohung gelassen hin. Er setzte sich auf die Erde und sammelte Büroklammern und Radiergummi ein, dann stopfte er seine Tasche neu.
Wir hatten Siegfried gespannt zugeguckt. Ich dachte, wenn er alles auspackt, dann hat er die Zeichnung irgendwo. Jetzt wurde uns klar, daß er gar keine Zeichnung finden konnte, weil er keine gemacht hatte. Ich lachte laut los, auch die anderen lachten, Siegfried lachte mit. Das war's, was er erreichen wollte, wir lachten, und Meier schimpfte ungehört in den allgemeinen Krach.
«Ruhe», brüllte er, «Ruhe!» Das hätte er sich sparen können. Wir mußten uns erst auslachen. Mensch, warum lachte er nicht mit? Hummel hatte eine erstklassige Schau abgezogen. An dem war ein Komiker verlorengegangen. Meier hatte keinen Humor. Er konnte sich auch nicht durchsetzen. Im Augenblick waren wir stärker als er. Uli begann mit der flachen Hand auf den Tisch zu klopfen, die andern machten es ihm nach. Meier hielt sich die

Ohren zu. Solange wir noch so richtig in Schwung waren, achteten wir nicht auf Meier. Als es still wurde, schrieb er eifrig in sein Notenbuch.
«Das war nur Spaß, Herr Meier, wir sind heute in guter Stimmung», erklärte Uli.
«Jeder von euch hat jetzt hier eine ‹Fünf› stehen. Wenn ihr glaubt, ihr könntet mir auf der Nase herumtanzen, habt ihr euch geirrt. Das nächste Zeugnis kommt bestimmt.»
Klaus rief: «Buh, das ist nicht gerecht!»
Herr Meier hatte wieder Oberwasser.
«Ich werde hier eben andere Saiten aufziehen, wenn es mit Vernunft nicht geht. Schluß jetzt, wir haben Erdkunde.»
So ist es immer: Zum Schluß haben die Lehrer recht. Wer zuletzt lacht, lacht am besten. Daran konnte Siegfried nichts ändern und Lutz Windig auch nicht. Schule, das ist eine Einrichtung, an der nicht zu rütteln ist, da hat sich seit hundert Jahren nichts geändert. Nur die Prügelstrafe ist abgeschafft. Lehrer dürfen die Kinder nicht mehr reihenweise mit dem Stock auf die Hände schlagen.
Aber sie ziehen immer noch ‹andere Saiten› auf. Sie kennen ihre Druckmittel und wenden sie auch an. Keine Schwäche zeigen, Zähne zeigen!

6

Ich hab zu Hause von Lutz Windig erzählt und von unserem Weckerkonzert bei Bulle. Jochen und Peter wollten sich halb tot lachen, na, die sind ja noch klein. Meine Mutter, die immer zu sanft und zu lieb ist, wollte wissen, warum wir so was machten.
«Der Mann kann einem ja fast leid tun!» sagte sie.
Ich weiß nicht warum, aber ich wurde plötzlich böse und sagte:
«Seine Schüler müßten dir leid tun.»
«Meine Güte, daß Schule nicht immer Spaß macht, das müßtest du doch schon gelernt haben.»
Ich hatte eine richtige Wut. Es geht einem einfach gegen den Strich, wenn die Erwachsenen automatisch die Lehrer in Schutz nehmen und nicht an uns denken. Ich konnte mich bloß nicht gut genug ausdrücken, um sie zu überzeugen. Schließlich kannte sie ja Bulle nicht.
«Also, ich hatte mal einen schlimmen Lehrer, der duldete kein Geräusch in der Klasse. Und wenn er etwas hörte, bekamen die Kinder einer ganzen Bankreihe einen Schlag mit dem Rohrstock auf die Hand. Ich habe auch einmal einen solchen Schlag bekommen. Es tat furchtbar weh, und ich hatte doch nichts verbrochen. Ich habe es nie vergessen. Jeden Tag habe ich Angst gehabt vor dem Lehrer. Aber gelernt haben wir bei ihm! Auswendig! Der Herr von Ribbeck auf Ribbeck im Havelland, ein Birnbaum in seinem Garten stand ...»
«Hör auf, Mutti! Immer die alten Geschichten!» Ich konnte sie nicht mehr hören. «Wenn ihr euch nicht so

lange so viel gefallen lassen hättet, sähe die Schule heute vielleicht ganz anders aus.»
«Was hätten wir denn tun sollen? Meinst du, eure Streiche änderten auch nur einen Deut an der Schule?»
Ich war wütend, weil ich sofort begriff, daß sie wahrscheinlich recht hatte.
«Ihr hättet die Schule abschaffen sollen!»
«Was du für einen Unsinn redest! Die Schulzeit ist die schönste Zeit im Leben, was dann kommt ...»
Ja, was kam dann? Was würde für mich kommen? Wenn ich meine Mutter so betrachtete, konnte ich fast verstehen, daß sie – trotz der Schläge – die Schulzeit für die schönste Zeit des Lebens hielt. Meine Mutter hat oft Schmerzen. Rheumaanfälle, manchmal in den Beinen, manchmal in den Armen, dann fällt ihr die Hausarbeit so schwer, daß ich einspringen muß.
Ich weiß nicht, warum jemand so eine Krankheit kriegt. Vielleicht weil meine Mutter zu dick ist. Sie ist einfach zu dick. Sie sagt, das käme von den Schwangerschaften, jedesmal seien zehn Pfund auf ihr kleben geblieben. Aber das muß doch nicht sein. Muttis Freundin Annemarie hat auch drei Kinder und ist schlank, fast dünn.
Meine Mutter hat es nicht leicht. Vater ist zuviel von zu Hause fort. Wenn er da ist, versucht sie, die Schmerzen nicht zu zeigen, weil er nicht gern Leidensgesichter sieht, wie er mal gesagt hat.
Mein Vater ist so flott und sportlich, gewandt, forsch, na ja. Reist durch die Weltgeschichte für seine Automatenfirma. Er muß automatische Maschinen einrichten, solche Dinger, die pro Minute fünfzig bis sechzig Schrauben stanzen oder so was Ähnliches. Je-

desmal, wenn der Automat etwas anderes ausspucken soll, brauchen sie ihn. So einen Beruf hat mein Vater.
Samstags und Sonntags geht er zum Fußballpaltz, rennt rum, hält sich fit!
Mutti steht dann in der Küche und macht einen extrafeinen Sonntagsbraten, weil er doch in der Woche immer Gasthausessen bekommt. Meine Mutter kocht gern und gut. Sie kocht jeden Tag, auch wenn es ihr nicht gutgeht. Alles andere bleibt dann liegen. Oft komme ich nach Hause, und die Küche ist schrecklich unordentlich. Alles liegt wie Kraut und Rüben durcheinander. Wie ich das hasse! Ich brauchte nicht aufzuräumen, meine Mutter verlangt es nicht von mir. Aber ich mache es doch, weil es ja immer nur schlimmer werden kann, wenn man nicht aufräumt. Mutti sagt: «So, wie du es machst, Kind, ist es in Ordnung.»
Komischerweise nehme ich es dann noch genauer, damit es wirklich in Ordnung ist. Ich glaube, ich bin so pingelig, weil Mutti es nicht so genau nimmt. Kann das sein? Na, richtig pingelig bin ich wohl nicht, aber es macht mich krank, wenn man vor lauter schmutzigem Geschirr keine saubere Tasse mehr auf dem Tisch absetzen kann.
Meine Brüder spanne ich auch mit ein. Meine Mutter ließe sie durchflutschen und spielen. Aber ich kriege sie dran: «Das ist Gemeinschaftsarbeit! Nicht bloß für mich allein, weil ich ein Mädchen bin, auch für euch! Hier, abtrocknen!» Ich gebe ihnen das Handtuch in die Hand, und dann helfen sie auch. Peter kann ich damit kriegen, wenn ich sage, er verhielte sich unsozial. Nee, unsozial will er nicht sein. Na also.

Meine Mutter ist zu weich. Deshalb ist sie auch so dick. Oder ob die Krankheit sie weich gemacht hat? Vielleicht liegt es auch an meinem Vater. Je straffer er sich gibt, um so weicher wird sie.

Aber das ist nur Theorie.

Möchte gerne wissen, ob sie sich noch lieben. Sie liebt ihn, aber er sie? Jedenfalls wackelt die Ehe nicht. Das ist schon viel. Aber so wie meine Mutter würde ich es nicht machen. Ich würde meinen Mann nicht wie hohen Besuch behandeln, auch nicht, wenn es Klaus wäre.

«Hab ich dir schon erzählt, daß unsere Deutschlehrerin ein Baby erwartet?» fragte ich. «Sie ist schon richtig dick.»

«Ach, dann hört sie ja auf! Das tut mir leid, die habt ihr doch so gern als Lehrerin gehabt.»

«Wir nennen sie jetzt Mami Treipel. Ich glaube, sie kommt wieder, wenn das Baby da ist. Bestimmt. Die hat doch jahrelang für den Beruf gelernt, da kann sie doch nicht einfach zu Hause bleiben. Das kann ich mir gar nicht vorstellen – dieser Bulle hat bestimmt auch ein Kind, der bleibt uns erhalten, Mami Treipel kriegt ein Kind und hört auf? Nein, glaub ich nicht.»

«Dann wird es nicht einfach für eure Mami Treipel. Beruf und Kind gleichzeitig – wie will sie das schaffen?»

«Wenn das ein Problem ist, dann wird sie es schon lösen», sagte ich, aber ich dachte an was anderes.

Ob an Mami Treipel wohl auch zehn Pfund Schwangerschaftsspeck kleben bleiben würden? Nein, bestimmt nicht. Bei ihr nicht. So wie sie wollte ich werden. Ich wollte nicht so weich und dick werden wie Mutti, aber auch nicht so straff und zäh wie Vater. Für mich mußte es eine

Zwischenform geben, vielleicht so wie Mami Treipel. Lieb und verständnisvoll wie Mutti, aber selbständig und stark.
Na, dann war ja alles klar. Ich fühlte mich schon stark.

7

Es war, als hätten die Lehrer in den Ferien pädagogischen Ehrgeiz getankt statt Sonne. Ich lief mit Scheuklappen durch die Gegend, nicht richtig da, unruhig, hörte nicht richtig hin, vergaß irgend etwas beim Einkauf oder so. Die Schule ging mir auf den Wecker, sie war mir nur deshalb wichtig, weil Klaus dort zwei Bänke schräg hinter mir saß. Jeden Tag. Ich konnte ihn ansehen, konnte an der Bedeutung oder Nichtbedeutung seiner Blicke herumrätseln. So verrückt war ich früher nicht gewesen. Jetzt legte ich jedes Wort, das er sagte, auf die Goldwaage.
Klaus steckte viel mit Uli zusammen. Sie hatten zum Beispiel gemeinsam die Strafarbeit für Bulle geschrieben. Schön ordentlich, eine ganze DIN A 4-Seite. Klaus' Vater war Sparkassenleiter. Klaus und Uli sind in sein Büro gegangen und haben gefragt, ob sie etwas Wichtiges für die Schule fotokopieren dürften. Sie durften. Sie machten 25 Fotokopien und verteilten die Blätter in einer Pause. Ich bin von meinem Platz nicht aufgestanden, wollte nicht in den Rummel reingezogen werden. Uli und Klaus! Wie Freunde. Klaus brachte mir eine Kopie.
«Brauchst bloß noch deinen Namen draufzuschreiben!» sagte er. «Was ist los mit dir? Was gefällt dir nicht?» fragte er, als er mein Gesicht sah.
Da hatte ich wieder etwas, das ich auf die Goldwaage legen konnte. Warum bemerkte er, daß ich nicht in Stimmung war?
«Ich hab die Übersetzung für Severin nicht.» Severin war unser Lateinlehrer. Ein ironischer Mann, überheblich,

kühl. Irgendwas würde ihm einfallen, um mich zu kränken. Der kritisierte nicht, der kränkte einen.
Klaus verschwand, holte sein Heft. «Mach schnell, ich diktier's dir.» Das hatte er noch nie gemacht.
Ich holte mein Heft und schrieb. Uli kam dazu und feixte. Er konnte es nicht lassen, sich in alles einzumischen.
«Verschwinde!» sagte Klaus.
«Na gut, lasse ich das junge Glück allein!»
Diese Kartoffel! Aber Klaus tat, als ob er nichts gehört hätte. Für eine Weile fühlte ich mich im siebten Himmel. Das ging schnell vorbei, denn Severin erwischte mich beim Abschreiben.
In der Pause kriegte ich wieder einen Apfel von Klaus. «Wo holst du die Äpfel her? Hast du Bücher oder Äpfel in der Tasche?» fragte ich. Aber ich freute mich. Den ersten Apfel, den er mir geschenkt hatte, hatte ich als Andenken aufbewahrt. Diesen aßen wir zusammen auf. Ich ließ Klaus abbeißen, nachdem ich abgebissen hatte. Wir aßen abwechselnd, bis rein gar nichts mehr von dem Apfel übrig war.
Mitten im Pausenrummel auf dem Schulhof. Wir hatten den Mund voll und konnten nicht sprechen. Mir war das recht, denn was sollte ich schon sagen?
Ich beobachtete ihn. Er fing mit der Zunge einen Tropfen Saft auf. Er lächelte beim Kauen. Sein Lächeln ging mir echt unter die Haut.
Er sagte auch nichts.
Uli kam dazu und fing sein blödes Gelabere an.
So ein Wechselbad von Gefühlen: Plötzlich war ich abgemeldet bei Klaus. Vielleicht war Uli doch wichtiger für ihn als ich.

Ich hätte die beiden an die Wand klatschen mögen. Klaus ging einfach mit Uli weg. Das durfte nicht wahr sein, vergaß mich einfach, weil Uli etwas Dringendes mit ihm besprechen wollte. Da hatte er keine Zeit mehr für mich. Sie heckten etwas Neues aus. Es sollte mir egal sein.
Nun ja, Klaus war mir nicht egal.
Zwei prügelten sich. Keine Aufsicht weit und breit. Es war ein ungleicher Kampf. Der eine wirkte wie ein Schrankkoffer, und der andere war bloß ein Handkoffer. Ich sah, daß Uli und Klaus zuguckten. Der kleine Junge fiel hin, rappelte sich wieder hoch.
«Hilf dem Kleinen!» rief ich Klaus zu.
«Laß sie kämpfen!» sagte Uli. Klaus grinste.
Gerade als der große Junge über den anderen herfallen wollte, ging ich dazwischen. Ich muß manchmal meine Brüder auseinanderbringen, ich hab Übung darin. Ich war so wütend, daß ich gar nicht merkte, woher der Schlag kam, den ich verpaßt kriegte. Davon wäre der Kleine bestimmt in die Knie gegangen.
«Aufhören!» schrie ich dem großen Jungen zu. «Aufhören! Siehst du nicht, daß er kleiner ist als du?»
«Was will die Ziege?» sagte der große Junge. «Hau ab, misch dich nicht in meine Sache rein!»
«Geh woanders hin!» sagte Klaus ruhig. «Oder willst du mit mir kämpfen? Dann bist du mal der Kleine, der eins auf die Nase kriegt.»
Der Bengel verzog sich. Den Kleinen behielt ich eine Weile im Auge, er ging nicht vom Kampfplatz weg, drehte mir aber den Rücken zu, während er sich den Staub von der Hose klopfte.
«Na, Friedensengel gespielt? Warum die Weiber keinen

anständigen Kampf vertragen können, das möchte ich mal wissen!» sagte Uli zu Klaus.
Klaus sagte nichts darauf. Er war zu feige, um zu sagen: «Wen meinst du mit ‹Weiber›?» Das hätte ich ihn gefragt. O Mann, manchmal ist Klaus eine Enttäuschung.
Als die Pause zu Ende war, spielte sich an der Klassentür eine kleine Szene ab, die sich die beiden vorher ausgedacht hatten.
Als Frau Treipel kam, einen Stapel Blätter in der Hand, rief Klaus laut:
«Lutz! He, Lutz Windig! Mann, bleib doch mal stehen!»
Frau Treipel drehte sich um. «Wo ist er denn?»
«Da hinten, soll ich ihn holen?» fragte Klaus.
«Wird Zeit, daß ich ihn kennenlerne. Aber er wird doch mit in die Klasse kommen. Die Stunde fängt ja gleich an.»
«Bei dem weiß man nie, was er gerade anstellen wird!» sagte Klaus und lief los, als wolle er einen Rekord liefern.
Frau Treipel ging schon in die Klasse. Klaus kam nach einer Weile zurück und log mit tiefem Bedauern im Gesicht, er habe den Lutz nicht mehr erwischt, plötzlich sei er verschwunden gewesen. Mami Treipel blickte ihn merkwürdig an, sagte aber nichts dazu.
Ein Schauspieler, dieser Klaus!
Wir waren in Sorge, daß unsere Lutz-Windig-Geschichte allzu schnell platzen könnte. Bis jetzt hatte noch keiner an seiner Existenz gezweifelt. Aber es mußte doch bald auffallen, daß es ihn gar nicht gab. Deshalb also hatten sich Uli und Klaus den Sketch einfallen lassen: ein Lutz Windig, der gerade um die Ecke verschwindet!

8

Ausgerechnet jetzt, wo die Schule wieder angefangen hatte, war so ein Wetter draußen, richtiges Ferienwetter! Leider fehlten ein oder zwei Grad an der Hitzefreihitze. Wir brüteten in unserem Klassenzimmer.
Nicht nur wir, auch Dr. König schwitzte still vor sich hin. Sein Fett machte ihm schwer zu schaffen. Heute schien für ihn die Mathematik eine überflüssige Wissenschaft zu sein.
Eine Wand unserer Klasse besteht nur aus Fenstern, den ganzen Vormittag stand die Sonne darauf.
Tilde probierte ihren treuherzigsten Augenaufschlag bei Dr. König aus: «Können Sie uns nicht hitzefrei geben?»
«Leider nicht!» seufzte er und nahm sich zusammen.
Hitzefrei! Das war das Stichwort. Uli ließ ein Briefchen wandern:
«Wir geben uns selbst hitzefrei. Wofür haben wir Lutz Windig?»
Nach der Stunde schrieb Uli an die Tafel:
«Wir sind am Fluß. Treffpunkt: dritte Bank links. Lutz Windig.»
Latein stand auf dem Stundenplan. Latein bei Severin. Wir hatten ihm noch keinen Streich gespielt. Der war bis jetzt zu gut weggekommen. Jede Stunde plagte er uns mit einer Vokabelarbeit. Zettel raus, Name drauf, zehn Vokabeln ...
Wenn man nur gewußt hätte, welche zehn Wörter er ausgesucht hatte! Nein, darin war er unberechenbar, mischte

alte und neue Vokabeln und piesackte einen damit, sammelte die Zettel ein und schrieb seine Noten darunter, und die fielen immer schlecht aus.
Wir mußten uns schnell entscheiden, denn wir hatten nur eine Fünfminutenpause Zeit.
«Los, wir hauen ab!» rief Klaus. «Schnell!»
Alle gingen mit. Ich fühlte die Sonne in meinem Gesicht und vergaß sofort, daß wir schwänzten und daß vielleicht ein Donnerwetter folgen würde. Es war egal, wir schüttelten die Schule ab.
Tilde und ich belegten einen schönen Platz dicht am Wasser. Ich ließ mich ins Gras fallen, reckte mich und fühlte mich wohl. Wenn ich die Augen zumachte, konnte ich mir ausmalen, mit Klaus hier allein zu sein.
Klaus und Uli zogen Schuhe und Strümpfe aus und planschten im Wasser herum. Siegfried holte eine Handvoll Fluß, um Tildes Ausschnitt anzufeuchten.
Sie quietschte und störte mich in meinen Träumen.
«Severin kommt!» rief einer.
«Daß er uns nicht in Ruhe lassen kann», maulte Uli.
«Wir hätten keinen Treffpunkt angeben sollen!»
«Aber wir bleiben hier!» rief Klaus.
Wir hatten uns alle aufgerichtet und starrten Severin entgegen. Er mußte sich von unseren Blicken förmlich aufgespießt fühlen. Das schien ihm aber nichts auszumachen. Vielleicht hält er sich für einen guten Lehrer. Er wollte unsere Begeisterung für alte Sprachen wecken. Hielt uns Vorträge über den Glanz, die Logik und die knappe Konstruktion der lateinischen Grammatik. Sie galt ihm als Offenbarung von Genauigkeit und Disziplin. Oh, wenn ich schon Disziplin höre!

«Wir sollten ihn mit Gesang begrüßen. ‹Freude, schöner Götterfunken!›» schlug Klaus vor.
Einige warfen ihre Zigarettenkippen weg.
Severin war jetzt an unserem Lager angekommen, er blickte uns finster an.
Mir wurde es ein bißchen mulmig zumute. Ich dachte, ich hörte nicht richtig, als Uli sagte: «Schön, daß Sie auch kommen, Herr Severin.» Richtig unverschämt.
«Es steht kein Ausflug auf dem Programm. Wir gehen jetzt zusammen und möglichst schnell in die Klasse zurück!»
In diesem Augenblick fing Siegfried an zu singen, als ob er Severin überhaupt nicht bemerkt hätte:
«What shall we do with the drunken sailor, what ...» Er stellte sich auf einen dicken Stein am Ufer und dirigierte:
«Alle! What shall we do with the drunken sailor ...»
Und die meisten sangen mit. «Early in the morning ...»
Severin wurde rot.
Als sie keinen Text mehr wußten und der Gesang dünner wurde, schlugen sie den Takt. Schläge auf Jeanshosen knallen schön.
Ich bin zwar nicht ängstlich, aber trieben wir es nicht zu bunt? Einige waren aufgestanden, um Severins Anordnung zu befolgen.
«Schluß jetzt!» schrie Severin. Und dann gab er uns eine Strafarbeit auf. Sechs Verben durch alle Zeiten konjugieren. Er gab also auf.
«Sauhaufen!» sagte er noch. «Undisziplinierter Sauhaufen!» Und dann ging er tatsächlich weg.
«Rolling home, rolling home ...» stimmte Siegfried an.

Wir hatten gewonnen. Severin war geschlagen.
Ich fühlte mich nicht besonders. Ich finde es nicht gut, Leute reinzulegen. So kam mir das Ganze vor. Eine Heldentat war's nicht gerade.
Ich sah ein Paar Beine mit nackten Füßen dran neben mir. Klaus. Er fing sofort an zu reden, meinte, zusammen wären wir stark. Niemand könne uns zu was zwingen. Ich sagte ein bißchen aufgebracht:
«Wir sind nicht stark, bloß Severin ist schwach!»
«Mir soll egal sein, wie du es auffaßt, wichtig ist, daß wir gewonnen haben! Merkst du was? Die Unterdrückten machen sich frei! Wir sind nicht mehr schüchtern und eingeschüchtert. Strafarbeit! Ha, das ist alles, was sie einem antun können! Ich weiß überhaupt nicht, wovor ich früher eigentlich immer Angst hatte. Weißt du es?»
«Bei mir hat sich nichts geändert. Ich fühle mich immer abhängig von den Lehrern. Sie verteilen die Noten. Sie beurteilen uns. Da macht man schon einiges, damit das Urteil gut ausfällt.»
«Warst du schon immer so schlau?» fragte Klaus. «Ich nicht.»
«Was flüstert ihr?» fragte Uli dazwischen und betrachtete mich von hoch oben.
«Du störst!» sagte ich.
«Jetzt eine Flasche Bier!» seufzte Siegfried.
«Viele Flaschen Bier!» schrie Uli. «Wer holt es?»
Ich weiß nicht, wer das Bier holte und wie lange sie am Fluß gesessen haben. Ich bin gegangen. Klaus blieb bei dem Haufen. Ich habe nicht versucht, ihn mitzulotsen. Vielleicht hatte ich Angst, er würde mich zurückweisen. Das kann ich nicht vertragen. Nicht gut.

Wenn man Siegfried glauben konnte, haben die ganz schön gesoffen, bis es den kleinen Jungen oben wieder rauskam. Die Enten hätten sich gefreut. Pfui Spucke. Aber Siegfried übertreibt immer.

9

Ich hatte es mir genau ausgedacht. Auf dem Nachhauseweg im Bus wollte ich Klaus fragen, ob er heute, bei diesem schönen Wetter, mit mir schwimmen gehen wollte. Nun fuhren wir mit dem Bus. Wir saßen nebeneinander auf der hinteren Sitzbank, aber Klaus redete von Lutz, und ich saß da und wußte nicht, wie ich meinen Vorschlag anbringen sollte.

Es wurde höchste Zeit, sonst stieg er aus, und ich konnte allein schwimmen gehen.

«Schönes Wetter», sagte ich superschlau.

Nur noch eine Haltestelle!

«Naja», sagte Klaus. Auch nicht viel schlauer.

«Ich möchte heute mit dem Rad zum Baggerloch. Hast du Lust, mitzufahren?»

Na also! Ich hatte es herausgekriegt, ohne zu stottern.

«Baggerloch? Das ist ziemlich weit, aber eine gute Idee.»

«Ich kann um drei bei dir vorbeikommen, liegt am Weg», sagte ich mutig.

«Gut, machen wir. Eigentlich richtig prima.»

Ich grinste, und er grinste zurück. Ob er wohl wußte, daß ich gerade über meinen Schatten gesprungen war? Wie sollte er? Wahrscheinlich machte er sich gar keine Gedanken über mich. Ich rannte nach Hause. Bloß schnell essen, spülen, die Badetasche packen.

«Papa kommt heute nach Hause», sagte Mutti.

«Brauchst du mich?» fragte ich.

«Es müßte eingekauft werden. Hast du was vor?»

«Du, ich bin mit Klaus zum Schwimmen verabredet.»

«Ach, dann schick ich die Jungen! Geh du nur!»
Es paßte ihr nicht, daß ich wegwollte, aber mir den Nachmittag zu verderben, das fiel ihr gar nicht ein. Ich nahm mir fest vor, ihr beim nächsten Mal zu helfen, bloß heute nicht. Heute ging es einfach nicht. Hatte sie wieder Schmerzen? Sie lächelte. Ich habe im Laufe der Zeit alle Zeichen kennengelernt, wie sie sich aufstützt oder anlehnt, wie sie vermeidet, eine Stellung zu verändern, in der sie es aushalten kann, sie wirkt dann steif und unbeweglich. Und wie sie lächelt. So ein dürftiges Lächeln. Aber heute ging es ihr ganz gut. Hoffte ich. Ich dachte plötzlich, ob ich auch weggehen würde, wenn sie sich krank fühlte. Weil mir Klaus so wichtig war.
Ich brauchte keine Antwort darauf zu finden, und ich war froh darüber.
Die Paßmanns wohnen in einem Reihenhaus mit kleinem Garten. Überall Rosen, Rosen, noch mal Rosen. Schön. Klaus' Mutter öffnete mir die Tür. Ich hatte ein bißchen Herzklopfen. Aber nach außen tut man so cool. Er hätte ja auch fertig sein können, damit ich erst gar nicht zu klingeln brauchte!
Seine Mutter erzählte mir lachend von seinem Pech mit dem Fahrrad. Das hatte nämlich einen Platten, und seit einer halben Stunde murkste er schon daran herum.
In der Diele und im Flur hingen Makrameearbeiten. Frau Paßmann gehörte bestimmt zu den Frauen, die alle Volkshochschulkurse besuchen: Töpfern, Weben, Batik und Makramee. Irgendwas muß man ja tun. Mir gefiel es. Meine Mutter machte solche Sachen nicht. Frau Paßmann gefiel mir auch, schlank, gepflegt. Bei ihr standen bestimmt keine Geschirrberge in der Küche.

Klaus rief vom Keller her: «Ich hab's geschafft! Jetzt kann sie kommen!»
«Sie ist schon da!» rief seine Mutter.
Klaus tauchte sofort auf.
«Hei!» sagte er und schaute auf seine verdreckten Hände. «Gleich kann's losgehen.»
Wir fühlten uns beide ein bißchen blöd, wie wir so nebeneinanderstanden, und seine Mutter guckte uns an.
«Wie ist Klaus denn so in der Schule?» fragte Frau Paßmann.
«Verrat mich nicht!» sagte Klaus lachend. «Ich wasch mir schnell die Hände.»
Seine Mutter war nicht auf eine Antwort erpicht. Aber ich wurde rot.
«Ihr haltet zusammen, das ist mir schon klar», sagte sie lächelnd.
Ich brauchte nicht lange zu warten, Klaus war fertig.
Und dann ging es los.
Schon die Fahrt war wunderbar. So viel Sonne und der Fahrtwind im Gesicht! Klaus vor mir, neben mir, hinter mir, jedenfalls ganz in der Nähe. Jedesmal, wenn wir uns ansahen, lachten wir. Auf der Landstraße mußten wir aufpassen, es flitzten eine Menge Autos an uns vorbei. Zum Schluß ging es durch Wald, lauter Buchen und der Waldboden mit Farn bedeckt. Es gab schon gelbe Blätter. Der Weg war von Lastwagenspuren so holprig, daß wir abstiegen und die Räder schoben. Es war nicht mehr weit bis zum Baggerloch. Klaus legte seinen Arm um meine Schultern. Aber das war nur ein kurzes Vergnügen, weil ich sofort mit den Rad steckenblieb. Ich hatte nicht auf den Weg geachtet.

Klar, daß wir am See nicht allein waren. So was gibt es nicht. Kinder tobten herum, schwammen auf Luftmatratzen, spritzten und schrien.
Baden auf eigene Gefahr.
Wir fanden einen Platz in einer winzigen Bucht, immerhin fast allein.
Klaus war schön braun. Er war ja auch in Spanien gewesen in den großen Ferien. Ich hatte meine schwache Bräune vom Balkon oder von hier, vom Baggerloch. Es hatte zuviel geregnet. Neben ihm sah ich aus wie Käse. Ich warf also meine Sachen von mir und sprang ins Wasser, bevor er mich richtig angucken konnte. Vor dem Spiegel finde ich mich im Bikini ganz attraktiv, weil ich nicht mehr so dick bin. Aber ich konnte nicht wissen, wie ich in seinen Augen aussah.
Klaus stieg ein bißchen vorsichtiger ins Wasser als ich. Vielleicht hielt er sich an Verhaltensmaßregeln: Wenn du geschwitzt hast, stürze dich nicht sofort ins kalte Wasser! Geschwitzt hatten wir.
Das Wasser fühlte sich auf der Haut wie weiche Seide an. Ich rollte mich darin herum, prustete laut, spielte verrückt. Mir war danach.
«Du Flußpferd!» rief Klaus.
«Du Goldfisch!»
Wir schwammen um die Wette, nach einer Weile fiel ich zurück. Ich strengte mich höllisch an, ich wollte nicht aufgeben. Vielleicht strengte er sich genauso an, um zu siegen. Plötzlich, noch vor dem schwimmenden Balken, der unser Ziel war, drehte sich Klaus nach mir um und zog mich zu sich. Wir waren uns nah, ganz nah. Ich sah die kleinen Pickel auf seiner Schulter und wie das Wasser von

seiner Haut perlte. Mir fiel ein Wort ein: Zuneigung. Das war klar, wir neigten uns zu. In seinen Augen las ich, was ich selbst auch fühlte. Mir war gleichzeitig nach Heulen und nach Lachen.
Aber gleich darauf dachte ich, ich hab mich bloß getäuscht, weil ich mir wünsche, daß er mich gern hat. Denn alles dauerte nur einen Augenblick.
Er ließ mich los, tauchte von mir weg.
Die Sonne blendete, ich sah ihn nicht mehr. Weg, einfach weg.
Er blieb so lange unter Wasser, daß ich Angst kriegte.
«Klaus!»
«Hier bin ich!» Er lachte.
Lachte er mich aus?
Wenn man nicht ausspricht, was man fühlt, bleibt alles unsicher, nichts kann man packen und festhalten. Schon war das Nähegefühl weggetaucht, und ich war wieder allein.
«Und jetzt zurück! Mir reicht's!» rief ich Klaus zu.
Ich hatte eine Wolldecke mitgebracht. Wir breiteten sie aus und ließen uns von der Sonne trocknen. Es war sehr still und sehr schön so dicht am Wasser. Der See lag wie ein großer glänzender Spiegel unter dem Himmel. Ein paar kleine Wolken schienen direkt unter der Wasseroberfläche zu schwimmen. Ich hätte sie fangen mögen. Ich zeigte sie Klaus.
«Auf der möchte ich gerne sitzen.»
«Was du alles siehst», sagte er.
Plötzlich tauchte im Wasser ein weißer Streifen auf.
«Soll ich dir das Flugzeug fischen?» fragte Klaus. «Ich kann es mit einer Hand greifen.»

Mir wurde ganz komisch vom Wasserstarren, und ich riß meinen Blick los.
«Ja, hol es!»
«Alles bloß Täuschung wie das Gold von der Costa Dorada in Spanien.»
«Gold?» fragte ich.
«Am Strand schimmerte der Sand wie Gold. Weißt du, so als ob lauter dünne Goldplättchen unter den Sand gemischt wären. Ganz toll. Ich habe eine große Plastiktüte voll Gold mit nach Hause geschleppt.»
Er lachte.
«Na und?»
«Mein Vater war auch darauf reingefallen. Natürlich gab es kein Gold. Ich hab den Sand auf eine Zeitung geschüttet und wollte mit der Pinzette die Goldplättchen herauslesen. Aber alles war grau. Nur Sand. Grauer Sand. Nichts mehr von Gold. War das eine Enttäuschung!»
«Was hast du mit dem Sand gemacht?»
«Weggeworfen, wütend weggeworfen.»
«Du hättest dir ein Glas voll aufheben sollen. Als Andenken.»
«Als Andenken an meine Dummheit?»
«Nur so. Du hättest ihn mir zeigen können.»
«Das war's ja grade, es war nichts mehr dran zu sehen. Ich hab blöd geguckt, irgendwas hatte mich reingelegt. Das hab ich nicht gern.»
«Was wolltest du mit dem Gold machen?»
«Dir einen Ring kaufen.»
«Du lügst.»
«Ist mir grad so eingefallen . . .» Er grinste, ich fühlte mich gefoppt.

«Ich sammle Steine von den Stellen, wo ich mal gewesen bin», sagte ich.
«Du auch? Das find ich Klasse. Da kann ich dir auch welche zeigen . . .»
«Ich hab nur ein paar. Ich bin noch nicht oft verreist. Und ich war auch noch nicht in Spanien.»
«Wir müßten mal zusammen hinfahren. Weißt du, weshalb ich mich für den Spanischkurs gemeldet habe? Das ist eine schöne Sprache! Mit vielen As und Os hintereinander, ganz schnell, du verstehst natürlich nichts, wenn du die Spanier so reden hörst, aber ich dachte, daß ich es lernen kann.»
«Im nächsten Halbjahr melde ich mich auch für Spanisch.»
«Mach das!»
Wir lachten. Er legte seine Hand auf meine Schulter. Sie war kalt. Oder besser: Auf meiner Schulter brütete die Sonne, dagegen fühlte sich seine Hand eben superkalt an. Ich kriegte eine Gänsehaut.
«Wollen wir was essen?» fragte ich.
«Was hast du denn?»
«Kuchen und Butterbrote.»
Er nahm seine Hand weg.
Ich packte aus. Ein Käfer spazierte über unsere Decke. Klaus ließ ihn auf ein Butterbrotpapier laufen und brachte ihn weg. Es gefiel mir, daß er ihn nicht totmachte.
Wir aßen zuerst die Butterbrote auf und dann den ganzen Kuchen. Dabei bin ich ins Reden gekommen und hab ihm von zu Hause erzählt und daß Mutti oft krank ist. Er hat gemeint, jetzt könne er verstehen, warum ich immer so vernünftig wirkte.

Plötzlich fragte er, ob ich schon gemerkt hätte, daß er sich verändert habe.
Ich hab darauf nicht sofort geantwortet, deshalb fing er an, von seiner Schwester zu erzählen, Tina, die er beneidete.
«Sie braucht bloß mit dem Pferdeschwanz zu wedeln, und schon hat sie eine neue Freundin. Und ich ...»
«Ja, wenn du einen Pferdeschwanz hättest ...»
«Nein, im Ernst, ich war doch immer schüchtern. Hölzern, sagt meine Mutter. Das will ich nicht mehr sein. Deswegen will ich wissen, ob ich mich verändert habe.»
«Ich mag dich, wie du bist», sagte ich.
«Ja?»
«Los, jetzt müssen wir uns wieder abkühlen. Ins Wasser mit dem Goldfischchen. Werd bloß nicht wie der Uli!» Ich lief Klaus davon, sprang ins Wasser, ohne mich vorher abzukühlen. Ich war ganz einfach glücklich.

Am nächsten Morgen war ich aufgeregt, als ich zur Schule ging. Der Badetag hatte alles verändert. Hatte er doch? Wie würde Klaus sich verhalten? Und ich? Es konnte doch nicht alles so weitergehen wie vorher?
Als ich in die Klasse kam, kämpfte Tilde um das Lehrerheiligtum, das Klassenbuch. Immer müssen Mädchen das Klassenbuch führen. Mädchen sind eben ordentlich und gewissenhaft.
Sagt man.
Jetzt hielt Uli sie fest, Tilde zappelte in seinem Griff. Gerade schrieb Siegfried etwas ins Klassenbuch und las laut vor, was er sich ausgedacht hatte: «Uli wird getadelt, weil er mir mein Butterbrot geklaut hat. Lutz Windig.»

«Ihr seid verrückt geworden!» schrie Tilde. «Gib sofort das Klassenbuch her!»
Aber Uli hielt sie in eisernem Griff, und Klaus erwischte das Buch.
«Alle Lehrer sind doof. Lutz», schrieb er.
«Hört sofort auf mit dem Quatsch!» rief Tilde. Uli hatte sie losgelassen. Sie wollte Klaus das Buch aus der Hand reißen. Klaus hielt es fest. Sie zerrte daran. Papier knisterte. Riß.
Tilde jammerte.
«Wozu brauchen wir ein Klassenbuch? Bloß Lehrer haben ihren Spaß dran, wenn sie Tadel eintragen können», sagte Siegfried.
«Und Kultusminister!» rief Uli. «Die wollen ab und zu etwas zum Lachen haben, dann besuchen sie Schulen und lesen Klassenbücher. Echt. Hat einer gemacht. Der hat sich vielleicht aufgeregt!»
Tilde versuchte, die Seiten des Buches wieder glatt zu streichen.
Klaus hatte das Interesse am Klassenbuch verloren. Erst jetzt bemerkte er mich. Er sah mich an und schien mich doch nicht zu sehen.
Ich war enttäuscht. Hatte er alles vergessen? Bedeutete ihm gestern nichts? Danach begrüßt man sich doch anders, mit einem besonderen Blick. Irgend etwas mußte er doch sagen, nichts Aufregendes, aber irgend etwas. War ich enttäuscht! Und ich hatte mich schon für die eine Hälfte eines Liebespaares gehalten. Aber wenn der andere nicht mitmacht, ist auch die eine Hälfte nichts wert.
Es lag an dem blöden Uli. Ihm wollte Klaus zeigen, daß er

Mut hatte, Sachen ins Klassenbuch zu schreiben, eine große Klappe zu riskieren.
Alles Mist! Ich setzte mich an meinen Platz und döste vor mich hin, beachtete nichts und niemanden. Aber das kann man in der Schule nicht machen. Ich saß an meinem Tisch für jeden Lehrer auf dem Präsentierteller. Frau Wulf, unsere Lady, machte Englisch für Fortgeschrittene da vorn an ihrem Pult und wollte, daß ich auch fortschreite. Wenn ich nur gewußt hätte, wohin.
Und dann fing ich ein Lächeln von Klaus auf. Es galt mir, mir allein. Es holte mich zurück auf diesen Stuhl, auf dem ich saß. Ich dachte, komisch, daß man so ein Zeichen braucht. Ein Zeichen der Gemeinsamkeit, damit die Gemeinsamkeit wirklich da ist. Ich hab nicht bloß geträumt, daß wir gestern zusammen waren.
Ich winkte ihm ein winziges Zeichen zurück.
In der Englischstunde müßte man englisch denken und auf englisch verliebt sein, damit man dem Unterricht folgen kann. Und plötzlich mußte ich grinsen. Ob unsere Lady auch auf englisch verliebt gewesen war? Verliebt! Die? Man konnte nie wissen! Bei ihr kamen wir gar nicht auf den Gedanken, ihr einen Lutz-Windig-Streich zu spielen. Vielleicht, weil sie so streng, sachlich und unnahbar wirkte. Immer korrekt und nie ein Schimpfwort.
Sie bestand darauf, daß «murder» etwa wie «mödö» ausgesprochen wurde und «teacher» wie «tietschö». Wir gewöhnten uns nie daran und hatten immer was zu lachen. Das «Ö» eignete sich so gut zum Übertreiben.
Das Problem unserer Lady war, daß sie sich keine Namen merken konnte. Sie sagte zu den Jungen wahllos «Peter». Uli hat sie einmal gefragt, ob ihr Freund «Peter» heiße.

Er jedenfalls heiße Uli oder genauer Ulrich. Da ist sie ganz rot geworden, und jetzt noch vermeidet sie, wenn es geht, die Anrede.
Heutige Lektüre: «The Raven» von Edgar Allan Poe. Ein Gedicht! Als ob nicht Prosa schon genug Tücken enthielte.
Tilde stammelte an der Übersetzung von zwei Zeilen herum. Dann kam ich dran.
Sie merkte, daß ich nicht aufgepaßt hatte. Die Lady strafte mich mit einem irritierten Blick. Ich wurde rot. Ich erholte mich schnell von meinem Schreck. Heute konnte mich kein Blick vernichten. Heute nicht. Ich war glücklich.

10

Lutz Windig brachte uns mehr Scherereien als Spaß. Nun, wir machten den Mist ja selbst, den wir Lutz in die Schuhe schoben, aber wir hatten doch gedacht, daß er mehr auffangen könnte. Zum Beispiel die Sache mit dem Hitzefrei machte die Lehrer regelrecht wild. Frau Treipel kam extra in der Pause zu uns in die Klasse und bereitete uns darauf vor, daß unsere Eltern allesamt einen blauen Brief bekommen würden.

Etwas fiel mir an ihr auf: Sie redete in merkwürdigem Vorgesetztendeutsch, das gar nicht zu ihr paßte.

«Ihr habt den Anordnungen nicht Folge geleistet!» sagte sie und: «Ich bin gehalten ... Ihr habt einen ausdrücklichen Befehl nicht befolgt! ... Diese Briefe enthalten den verschärften Tadel für jeden von euch.» Daß die anderen Lehrer in diesem Ton mit uns redeten – «Jetzt reden wir mal Deutsch!» hieß das –, damit konnte man sich abfinden, aber daß Mami Treipel auch so anfing, machte mich stutzig.

Ich bin gehalten
nicht Folge geleistet
ausdrücklicher Befehl
verschärfter Tadel ...

Ich schrieb alles mit, deshalb weiß ich das noch wörtlich. Mit der richtigen Betonung ergab das ein rhythmisches Lehrergedicht. Mit diesem Deutsch hatte man auch Kerstin beurteilt und verurteilt.

«Also, was ist los mit euch?» fragte Mami Treipel jetzt mit ihrer normalen Menschenstimme.

«Was soll schon los sein?» fragte Tilde zurück.
«Ich merk doch, daß irgendwas ist», sagte Mami Treipel.
«Ihnen haben wir doch nichts getan!» rief Klaus.
«Ihr könnt mir nichts vormachen. Alle Lehrer liegen mir in den Ohren, die 9b ist außer Rand und Band! Man kann nicht mehr mit euch arbeiten. Ihr setzt euch über alle Spielregeln hinweg.»
«Ist doch klar, die haben wir ja auch nicht gemacht! Warum sollen wir uns daran halten?» Endlich fand ich mal etwas gut, was Uli sagte. Schließlich stimmte es, daß die Lehrer Regeln aufstellen, die wir ungefragt zu befolgen haben.
Natürlich kam auch Mami Treipel mit den Zensuren, die ja abfallen müßten, wenn wir nicht arbeiteten, sie fand es richtig, daß es Strafarbeiten gibt, und falsch, daß wir Bulle Fotokopien statt Strafarbeiten angedreht hatten. (Sieh mal an, das hatte auch schon die Runde gemacht, und alle wußten Bescheid!) Typisch Lehrer – auch Mami Treipel. Sie fand es richtig, daß wir blaue Briefe bekamen, und falsch, daß wir uns dagegen wehrten, wie kleine Kinder behandelt zu werden. Als es klingelte, hatte sie ein ganz trauriges Gesicht. Ich glaube, sie kann uns verstehen, aber sie ist trotzdem auf seiten der Schule. Vielleicht würde sie uns im Notfall helfen. Das hatte sie auch bei Kerstin versucht.
In der Tür begegneten sich Frau Treipel und Dr. König. Er überragte sie mit seinen Einmeterzweiundneunzig. Mit seinem Fettbauch sah er weit mehr schwanger aus als Frau Treipel, worauf prompt ein Kommentar von Uli kam (so etwas bemerkt er stets):
«Sie ist im sechsten Monat, und er ist im neunten!»

Wir lachten natürlich. Auch Dr. König lachte. Der kann immer lachen, er hatte noch nie Autoritätsschwierigkeiten. Ein Zweizentnermann, der trotz seines Gewichts noch fit und elastisch wirkt, dazu Jeanshosen und Lederjacke trägt, kriegt jeden Herausforderer mit einem Lächeln klein.
Uli hat mal gesagt: «Der kann sogar mich am ausgestreckten Arm verhungern lassen!»
Das heißt schon was!
«Mist gebaut, Freunde?» sagte er grinsend. «Seht euch vor! Nicht mit mir! Mit mir nicht! Eure Schandtaten sind bekannt. Und nun kommen wir zur Sache.»
Er drückte uns an die Wand, bewußt.
Er machte kleine Kinder aus uns. Wir gehorchten. Wir fingen sogar an zu stottern bei ihm.
Kommt nichts? Es kommt nichts. Fünf.
«Morgen schreiben wir eine Arbeit! Keiner vergißt sein Heft! Ich dulde keine Zettelwirtschaft!»
Die Stunde war zu Ende. Dr. König hatte eine Vorstellung gegeben, als wollte er die Macht der Schule und die Ohnmacht der Schüler demonstrieren. Das war ihm gelungen. Wir schluckten daran.
Wofür hatten wir unseren Lutz! Was konnte Lutz Windig unternehmen? Wir waren uns einig, Lutz sollte etwas unternehmen.
Es kam eine Reihe blöder Vorschläge. Einer wollte uns alle dazu bringen, morgen die Arbeit auf Zetteln zu schreiben, weil Dr. König ausdrücklich auf Heften bestand.
«Auf die Pauke hauen, auf die Pauke hauen!» rief Siegfried ein paarmal.

«Er sollte sich auf einen nassen Schwamm setzen, wenn wir die Arbeit schreiben!»
«Das ist Spitze! Dr. König läuft mit nassem Hintern durch die Gegend.»
Ich fand den Vorschlag blöd, aber Tilde wollte Schwammtücher von zu Hause mitbringen.
«Die sehen aus wie Sofakissen und saugen sehr viel Wasser ein.»
Der Vorschlag wurde angenommen, bejubelt. Die praktische Ausführung war ja so einfach – und Dr. König bekam seinen Denkzettel!
Was machen wir für einen Quatsch! schoß es mir durch den Kopf. Richtigen Schülerquatsch, dumme Streiche. Damit konnten wir die Überlegenheit von Dr. König bloß herausstreichen, aber nicht abbauen.
Na, das sollte uns sowieso nicht gelingen.
Junge, wie sind wir reingefallen!
Tilde brachte ein rosa Schwammtuch mit. Es lag ganz harmlos, ja, richtig dekorativ auf dem Lehrerstuhl hinter dem Pult. Voller Wasser.
Zweite Stunde – Mathematik. Dr. König betrat den Klassenraum. Er trug einen Stapel Blätter in der Hand. Er bereitete die Mathearbeit immer gut vor. Jeder bekommt eine Fotokopie der Aufgaben.
Die 9b ganz gespannt, still.
«Guten Morgen!» sagte Dr. König. «Ich hoffe, daß ihr bestens präpariert seid!» Er lachte, und sein Fettbauch wackelte. Es gefiel ihm wohl, uns alle so brav und schweigend in den Bänken sitzen zu sehen. Und auf einmal freute ich mich über den nassen Lappen auf seinem Stuhl.
Na warte, dachte ich, na warte!

Dr. König ließ die Fotokopien der Aufgaben verteilen.
Er setzte sich nicht.
«Vergeßt das Datum nicht, oben rechts. Haben alle ihre Hefte und den Aufgabenzettel? Na, dann mit frischem Mut!»
Wir ließen ihn nicht aus den Augen. Er schien etwas zu merken.
Mußte er ja, wie wir ihn anstarrten!
Er setzte sich einfach nicht hin.
Wir fingen an zu arbeiten. Allzuviel Zeit hatte keiner zu verschenken. Ich sah, daß Dr. König seine Hose ein bißchen hochzog, sein Hemd in den Hosenbund stopfte, obwohl es gar nicht herausgerutscht war.
Jetzt!
Er ließ seine massige Figur auf den Stuhl sinken.
Wir beobachteten sein Gesicht. Wir warteten auf die Explosion, die ja kommen mußte. Warum reagierte er nicht?
Er verzog keine Miene.
«Körner», sagte er freundlich.
«Ja!» rief Uli und erhob sich.
Jetzt mußte Dr. König doch endlich die Nässe fühlen!
«Komm nach vorn!» Uli, wie üblich feixend, ging zum Pult.
«Komm näher!» sagte Dr. König und erhob sich. «Setz dich!»
Uli wollte nicht. Dr. König packte ihn an den Schultern und drückte ihn auf den Stuhl.
«Hören Sie!» sagte Uli empört. «Mein Hintern wird naß!»
«Ja?»

Wir mußten lachen. Wir mußten ganz einfach lachen wie verrückt.
«Hummel!»
«Ja!»
«Komm nach vorn!»
Siegfried schlenderte zum Pult.
Uli betrachtete seine nasse Hose.
«Setz dich!» verlangte Dr. König.
«Ich will nicht!» sagte Siegfried stur und blieb in einiger Entfernung vom Stuhl stehen.
«Dreh dich um!» Siegfried drehte sich um, er kehrte Dr. König den Rücken zu, für uns schnitt er Grimassen.
Wer rechnet schon mit so was! Dr. König trat ihn voll in den Hintern. Siegfried stolperte in den Klassenraum.
«Das ist verboten!» lamentierte Siegfried.
«Du darfst sofort zum Direktor gehen und dich beschweren!» sagte Dr. König freundlich.
«Wolle, komm auf den Stuhl!»
Dieter setzte sich freiwillig. Und dann kamen die anderen, alle, einer nach dem anderen, auch Klaus, auch ich, an die Reihe. Aber wir hatten Glück, daß der Lappen schon fast trocken war.
«Je schneller ihr alle einen nassen Hintern habt, um so mehr Zeit bleibt für die Mathematikarbeit – ein nasser Po erhöht die Denkfähigkeit!» Dr. König grinste. Als alle einmal «gesessen» hatten, verlangte er, daß wir aufstanden und uns umdrehten. Er wollte die nassen Pos sehen.
Er ging sogar durch die Reihen.
«Hervorragend! Erbaulich!» sagte er. «Und jetzt, an die Arbeit.»

Wir lachten sozusagen zähneknirschend. Er hatte uns übertölpelt, ausgetrixt, fertiggemacht, und wir mußten trotzdem lachen.
Dr. König nahm den fast trockenen Lappen und legte ihn mit spitzen Fingern auf die Fensterbank. Ein Zettel klebte daran. Er setzte sich gemütlich hin und studierte die Botschaft. Wir wußten ja, was drauf stand. Ulis geniale Dichtung:

Wie ist das so
mit nassem Po?
Sei froh!
Die Socken
sind noch trocken!
Liebe Grüße von Lutz Windig

Er grinste. Er genoß die Situation. Er war mit allem hervorragend fertiggeworden. Er legte das Grußzettelchen ins Klassenbuch.
Und dann zeigte er sich noch großzügig. Wer wollte, konnte die große Pause benutzen, um seine Arbeit fertig zu machen.
«Damit es nicht so viele Fünfen gibt . . .»
Uli fühlte sich in seiner Eitelkeit getroffen. Er konnte nicht wie Klaus und die anderen über sich selber lachen. Er wütete und redete was von Ungerechtigkeit: Wenn wir Schüler einem Lehrer eine nasse Hose verpassen wollen, müssen wir das heimlich anfangen – aber so ein Lehrer kann jedem Schüler offen eine nasse Hose verpassen! Warum? Weil er Lehrer ist. Weil er befehlen kann! Er konnte sogar Fußtritte austeilen. Und natürlich ging man nicht zum Direktor!
Das war ungerecht!

Uli stand allein mit seiner Meinung, denn die Stimmung war für Dr. König. Er hatte uns imponiert.
Wer andern eine Grube gräbt ...
Ich wollte ein bißchen mit Klaus reden und ging zu ihm, er wäre von sich aus nicht zu mir gekommen, weil noch immer diskutiert wurde.
Ich fragte ihn nach den Ergebnissen in der Mathearbeit. Irgend etwas mußte ich ja sagen. Er hatte sie auf seinem Schmierzettel stehen und gab ihn mir.
«Na, wie fandest du Dr. König?» fragte er.
«Er hat ein Gemüt wie ein Rhinozeros! Aber vielleicht braucht man das, wenn man Lehrer sein will», sagte ich. Ich merkte, wie zornig meine Antwort klang. Ja, ich war zornig. Ich schämte mich, daß wir einen Dr. König bewunderten, wo er doch nur das tat, gegen das wir uns auflehnten: Er behandelte uns wie Kinder.
Inzwischen hatte Uli eine neue Überraschung vorbereitet. Der Tag war noch nicht vorbei.
Auf dem Stundenplan stand Geschichte, unglücklicherweise! Herr Bulle bot sich nach der vorangegangenen Pleite als Ausgleich geradezu an.
«Ich hab unserem Bullen eine kleine Wasserstoffbombe auf den Stuhl gelegt!» flüsterte Uli Klaus zu. Ich hörte es.
«Wir sind doch gerade erst reingefallen! Laß das doch», sagte Klaus.
Bulle war schon im Klassenraum, legte seine Sachen auf dem Lehrerpult ab.
«Zu spät», sagte Uli.
Diesmal brauchten wir nicht lange zu warten, bis Bulle sich setzte. Wir brauchten auch nicht lange auf seine Explosion zu warten. Nicht alle hatten mitgekriegt, daß Uli

das nasse Schwammtuch auf Bulles Stuhl gelegt hatte, die waren jetzt höchst erstaunt.
Bulle sprang auf, warf das triefende Schwammtuch in die Klasse, schrie mit sich überschlagender Stimme: «Ihr verdammten Chaoten! Das ist ja ungeheuerlich . . .»
Birgit bekam den nassen Lappen aufs Auge, wußte nicht, wie ihr geschah, schrie auf, warf den Lappen weiter, er traf Siegfried, der ihn hoch in die Luft warf, dann platschte er auf den Boden und blieb liegen.
«Das ist eine Unverschämtheit . . .» Inzwischen kapierten alle, was los war. Auch Bulle war eingeweicht von hinten! Hahaha!
«Das ist der reinste Terror . . .»
Das Lachen in der Klasse wurde so unverschämt, daß Bulle nichts dagegen ausrichten konnte. Seine Wut ging im Gelächter unter.
«Ihr seid eine Saubande! Seid ihr, aber wartet nur ab . . .»
Er hielt inne, vielleicht wollte er noch genau darüber nachdenken, wie er sich an dieser 9b rächen konnte. Offenbar fiel ihm nichts Wirkungsvolles ein. Stumm saß er da.
Ich konnte sehen, daß die Knöchel seiner Faust weiß waren. Auch sein Gesicht war blaß.
Er tat mir leid.
Plötzlich wußte ich, daß wir gemein waren. Er konnte sich nicht wehren, und er konnte nicht mit uns und über sich selbst lachen. Ich wußte, daß ich nicht in seiner Haut stecken möchte.
Bulle schwieg.
Uli erkundigte sich, ob für heute Geschichte ausfiele. Bulle gab keine Antwort. Die Stunde schien sehr lange zu

dauern. Länger als sonst. Bulle schwieg tatsächlich die ganze Stunde.
Wir waren erleichtert, als sie endlich zu Ende war.
«Uff, ist der öde!» sagte Uli.
«Er straft mit Liebesentzug», seufzte Siegfried. «Da ist mir ein kurzer Tritt in den Allerwertesten lieber.»
«Es kommt mir vor, als ob wir Krieg hätten. Lehrer gegen Schüler, Schüler gegen Lehrer. Blöd find ich das! Keiner hat was davon.»
Ich mußte das sagen, auch wenn es nicht in die allgemeine Stimmung paßte. Das heißt, ich dachte, ich stünde mit meiner Meinung allein da. Es war nicht so: Dieter Wolle und Martin Klamm gaben mir recht. Mir wär's lieber gewesen, wenn es Klaus gewesen wäre.

11

Nach der Schule lud Klaus mich ein. Er sagte, bei ihm zu Hause könne man schön im Garten sitzen. Und dann könnte er mir auch seine Steinesammlung mal zeigen.
Im Garten zu sitzen erschien mir bei dem schönen Wetter verlockend. Ich versuchte, nicht allzu begeistert ja zu sagen, damit er nicht merkte, wie gern ich ihn hatte. Ich wußte ja auch nicht, ob er mich gern hatte. Er sagte nichts in der Richtung. Es war überhaupt alles unbestimmt. Ich war eigentlich ganz froh darüber, denn ich konnte mir nicht vorstellen, was wir zusammen machen würden. Was machen Verliebte eigentlich? Zum Dauerschmusen war ich nicht geeignet.
Trotzdem, ich wartete bei jedem Treffen darauf, daß etwas passierte. Zum Beispiel ein Kuß. Ich war schon bei Klassenfesten geküßt worden, beim Pfänderspiel und so. Aber das war nichts von Bedeutung, feuchte Lippen, Schmatz, Schluß! Dabei fühlt man nichts. Man muß etwas dabei fühlen. Aber das tat man wahrscheinlich nur dann, wenn man den Jungen wirklich gern hatte.
Bevor ich zu Klaus ging, zog ich eine frische Bluse an und bürstete meine Haare, bis Peter sagte:
«Willst du die verkaufen? Oder was hast du damit vor?»
Peter holte mich auf den Teppich zurück.
Klaus hat eine nette kleine Schwester. Tina begrüßte mich, als ob ich hier schon zu Hause wäre. Vielleicht war ich bei Paßmanns Familiengespräch. Sie zog mich in ihr Zimmer, und ich mußte das Meerschweinchen Susi schön finden und ihren gelben Wellensittich streicheln. Der ließ

sich wahrhaftig streicheln! Klaus wollte sie gerne abschütteln, aber Tina erzählte mir in kurzer Zeit ganze Romane über Susi-Meerschweinchen und Paulchen-Wellensittich. Ich hörte ihr gerne zu und verstand, daß sie schnell Freundschaft schloß. Im Gegensatz zu Klaus.

Endlich konnten Klaus und ich in den Garten gehen. Unter einem Baum standen ein paar Korbstühle und ein runder Tisch. Endlich allein.

«Hast du deine Eltern schon auf den blauen Brief vorbereitet?» fragte Klaus.

Das brauchte ich nicht. Da ich meiner Mutter meist das Neueste vom Tage erzählte, hatte ich natürlich auch die Geschichte mit Severin berichtet. Für sie war es ganz klar, daß eine Strafe folgen mußte.

«Ich bin in den Augen meiner Mutter bloß eine unschuldige Mitläuferin. Sie traut mir nichts Böses zu. Kriegst du Schwierigkeiten?»

«Ich weiß überhaupt nicht, wie die reagieren!» sagte er. «Die halten es für absolut selbstverständlich, daß man sich anständig benimmt, niemals aus der Reihe tanzt, immer schön brav ist. Das war ich ja auch immer.» Er grinste mich an.

Seine Mutter brachte eine Kanne Apfelsaft und Gläser dazu.

«Na, ihr beiden!» sagte sie aufgeräumt, so als wolle sie ein langes Gespräch mit uns anfangen. Wie sie so vor uns stand, geblümtes Sommerkleid, weiße Sandaletten, frische Dauerwelle, da konnte ich mir plötzlich vorstellen, daß sie aus allen Wolken fallen würde, wenn der blaue Brief für ihren Sohn kam. Der paßte sicher nicht in ihre Vorstellung von Ordnung und Benimm.

Weil wir verlegen schwiegen, sagte sie: «Dann will ich euch mal wieder allein lassen ...»
Sie hatte die Augen von Klaus – nein, umgekehrt: Klaus hat seine schönen Augen von der Mutter geerbt, auch die kleine sanfte Unsicherheit. Ich mochte sie, obgleich ich denken mußte: Sie wirkt wie eingesperrt in ihr ordentliches Leben.
Ja, die Paßmanns waren ordentliche Leute, lebten nicht so locker wie wir zu Hause, wenn Papa nicht da war, so kam mir das vor. So ein schriftlicher Tadel war bestimmt eine kleine Katastrophe für sie.
«Hör mal, du kannst es ihnen doch erklären!» sagte ich.
«Was denn? Daß wir eine Stunde blaugemacht haben? Uns dem Lehrer widersetzt haben? So wird das im Brief stehen. Oder? Was wird erst sein, wenn Lutz auffliegt?»
«Wenn du dir solche Sorgen machst, warum hast du dann die ganze Sache angeleiert? Lutz Windig ist doch deine Idee gewesen!»
«Ich mußte was tun. Versteh mich doch! Ich mußte einfach was tun, beweisen, daß ich auch jemand bin. Nicht bloß einer, der sich ständig anpaßt und der sich dauernd ärgern läßt von so einer Kartoffel wie Uli.»
«Den kannst du doch vergessen! Warum ist der bloß so wichtig für dich? Ich versteh das nicht», sagte ich.
«Nein, das verstehst du nicht. Als wir in diese Schule kamen, war Uli der größte von allen, ich klein und nicht sehr stark. Er konnte mich unterkriegen, wenn er wollte. Ich hab immer gedacht, einmal kriegst du ihn unter, einmal zeigst du es ihm. Es klappte nicht, kriegte immer selbst einen auf den Deckel.» Er lachte. «Ein scheußliches Gefühl, unterlegen zu sein. Kennst du das?»

«Das kommt doch nur, weil du dich mit ihm messen willst. Du bist du. Und du bist anders und besser als Uli.»
«Wenn einer an der richtigen Stelle die Klappe aufmachte, dann war es Uli und nicht ich. Er war witzig und schlau, und alle Jungen hörten auf ihn, und die Mädchen laufen ihm nach . . .»
«Du bist bloß neidisch.»
«Ich wollte auch stark und beliebt sein wie er. Ich dachte, wenn ich einmal größer bin als er, dann hab ich es geschafft.»
«Dann hast du es ja jetzt geschafft, und nun kannst du wieder Klaus Paßmann sein.»
Darauf gab er keine Antwort, grinste mich bloß an.
Hier hinter dem Haus war es ganz still. Die Pappeln verloren schon ihre Blätter. Ich sah eins heruntersegeln, es landete weich im Gras. Klaus saß mir gegenüber und sah mich beim Reden oft an, eindringlich, als müßte er mich überzeugen. Aber es war wohl noch wichtiger, daß er sich selbst überzeugte.
«Wollen wir Brombeeren pflücken?» fragte er plötzlich.
«Ja.» Ich wollte aufstehen und mich bewegen. Wenn von Uli die Rede war, wurde ich ganz schön kribbelig.
Die Hecke war voller blanker, schwarzer Beeren.
Wir stopften uns den Mund voll. Das schmeckte! Wir kriegten fleckige Finger.
«Diese dicke ist für dich», sagte Klaus.
«Und die ist für dich.» Wir hatten beide eine Superbrombeere gefunden. Er steckte mir seine in den Mund. Ich steckte ihm meine in den Mund.
«Du bist meine erste Freundin!» sagte er überraschend. «Mit dir kann man reden.»

«Na so was», sagte ich. Mir fiel nichts Gescheites ein.
«Ich hab noch nie eine Freundin gehabt.»
«Und jetzt hast du mich?» fragte ich. Als ob er mich fest in der Tasche hätte! Eigentlich wollte ich ihm eine andere Antwort geben, ihm sagen, daß ich mich freute. Ich konnte es nicht.
«Wir brauchen ja nichts Besonderes zu machen. Ich finde es gut, mit dir zu reden und Brombeeren zu pflücken ...»
«Ich auch.»
«Dann ist alles klar?» Er streichelte meinen Arm.
«Alles klar!» sagte ich.
Und dabei pflückten wir weiter Brombeeren und aßen sie.
Ich hätte gerne mit Klaus über uns beide gesprochen. Aber Klaus kam zu seinem Lieblingsthema zurück. Und das war Uli Körner!
Ich war ziemlich sofort ziemlich wütend. «Laß doch den blöden Uli!»
«Weißt du, den mußt du auch verstehen. Der ist nämlich arm dran, das hat er mir erzählt. Seine Eltern sind geschieden, er hat den ganzen Mist mit dem Stunk vor der Scheidung mitgekriegt. Sein Vater ist dann plötzlich abgehauen, hat sich nicht mehr um ihn gekümmert. Er haßt ihn richtig. Mit seiner Mutter kann er machen, was er will, die nimmt er nicht mehr für voll, weil ihr der Alte weggelaufen ist.»
Ich hatte wohl gewußt, daß Ulis Eltern geschieden waren, aber das war doch keine Entschuldigung für sein Verhalten?
«Seine Mutter geht arbeiten, er ist den ganzen Tag allein, kommt aus der Schule in so eine leere Wohnung, macht

sich sein Essen warm oder schmiert sich ein Brot. Ich war doch gestern bei ihm. Gleich nach der Schule. Als erstes machte er Krach in der Bude. Er legte eine Platte auf und ließ sie laut brüllen. Er erklärte mir, das brauchte er, weil ihn die stille Wohnung verrückt macht. Ich finde ja, daß es auch Vorteile hat, so selbständig und allein zu sein. Schon wie der die Musik aufdreht. Meine Mutter würde zuviel kriegen!»

Klaus machte eine Pause und guckte mich an. Hör doch auf, von diesem Uli zu reden, dachte ich böse.

«Manchmal lädt er sich Mädchen ein. Eine richtige Freundin hat er nicht.»

Warum grinste er so, wenn er von Ulis Mädchen redete? Ich ärgerte mich. Wenn er so grinste, dachte er bestimmt nicht an mich. Nicht einmal an ein bestimmtes Mädchen, bloß an irgendeine mit viel Busen.

Vor drei Minuten hätte ich es gern gehabt, wenn er mich und ich ihn geküßt hätte, aber jetzt nicht mehr. Und überhaupt, die Brombeeren schmeckten nicht mehr so gut, die Hände wurden blau davon.

Sagt mir, ich sei seine Freundin und denkt an Ulis Mädchen!

«Bist du sauer?» fragte er auf einmal. Ich hatte nicht gemerkt, daß er mich beobachtete. Immer kann man von meinem Gesicht ablesen, was ich gerade denke.

«Uli interessiert mich nicht so und seine Mädchen schon gar nicht. Was hältst du denn von mir?»

«Das weißt du doch ...»

Was wußte ich schon!

«Ich hab ganz klebrige Finger. Du auch?» fragte er.

Ich sah auf meine Hände, war aber mit den Gedanken

woanders. Er legte seinen Arm um meine Schultern, drehte mich in Richtung Haustür.
«Jetzt gehen wir uns die Hände waschen.»
Ich erwartete zuviel auf einmal. Es konnte ruhig langsam mit uns gehen. Ich war zu ungeduldig, wollte, daß er bloß an mich dachte. Für Liebe war es noch zu früh. Jedenfalls für ihn, er hatte noch andere Sachen im Kopf. Uli zum Beispiel. Ich wurde sofort wieder wütend.
Ich ging neben ihm her. Er konnte eigentlich nichts dafür, daß ich enttäuscht war. Woher sollte er wissen, daß ich meinen Freund Klaus gern geküßt hätte? Schließlich hatte ich nichts davon gesagt!
Beim Waschen spritzte er mir Wasser ins Gesicht.
«Möchte wissen, woran du denkst, wenn du so ein brummiges Gesicht machst!» Er lachte dabei, richtig nett, sah genau so aus, wie ich ihn am liebsten hatte. Und auf einmal kriegte ich Mut, nahm mit meinen nassen Fingern seinen Kopf, zog ihn zu mir und küßte ihn ganz schnell auf den Mund.
«Na so was!» sagte er verblüfft.
Ich trocknete mir schon die Hände ab, als seine Schrecksekunde vorbei war.
«Jetzt ich», sagte er leise.
Und das war mein erster richtiger Kuß.
Nachher sahen wir im Spiegel unsere Gesichter, wir kamen uns komisch vor.
«Du bist rot geworden», sagte Klaus.
«Du auch!»
Was für ein Tag! Wir gingen in sein Zimmer, wir lasen zusammen in einem Chemiebuch und freuten uns an den hübschen Formeln, die wir überhaupt nicht verstanden.

Dafür verstanden wir beide uns. Wir übten Küssen und hörten und sahen nichts mehr.
Beinahe wären wir von seiner Schwester überrascht worden. Zum Glück ist Tina ein lautes Mädchen. Sie brüllte schon auf der Treppe:
«Klaus, Klaus!» Und dann platzte sie ins Zimmer.
Tina ist ein Schnellmerker, guckte einmal scharf, redete etwas von einem Zirkelkasten, den sie Klaus geliehen hätte, angelte das Etui vom Regal und verschwand wieder.
«Hier wird ja richtig gearbeitet!» sagte sie schon halb draußen. Gut, daß wir die Chemiebücher und -hefte vor uns liegen hatten. Jetzt merkte ich, wie spät es geworden war. Ich mußte nach Hause. Klaus begleitete mich.
Was für ein Tag! Als ich allein in meinem Zimmer war, sang ich mir ein Liedchen vor, ich weiß, das ist albern, aber wenn ich allein bin, kann ich es ruhig singen: «Ich hab einen Freund, Klaus ist mein Freund, mein richtiger Freund ...» Und wieder von vorne.

12

Ich hatte gedacht, jetzt wird alles wunderbar, jetzt brauche ich nur noch auf der Welle obenauf zu schwimmen, das Glück trägt mich von einem Tag zum anderen.
Aber es wurde nicht wunderbar, es wurde schlimm.
Und schuld an allem war Lutz Windig. Den gab's ja auch noch, auch wenn es ihn nicht gab. Wär er doch bloß nie erfunden worden! Schon am nächsten Tag kam der Knall. Ich ging nach der Schule mit zu Klaus. Er wollte mir eine Schallplatte von Emerson, Lake & Palmer leihen. Ich wußte die Ehre zu schätzen, denn er trennte sich nicht gerne von seinen Scheiben. Er opferte einen großen Teil seines Taschengeldes für Platten. Gut. Wir standen in bester Stimmung vor der Haustür. Jedenfalls meine Stimmung war ganz oben. Tina machte uns die Tür auf.
«Mach dich auf was gefaßt!» sagte sie ohne Begrüßung.
«Was ist denn los?» fragte Klaus.
«Mensch, das mußt du doch am besten wissen! Es ist ein blauer Brief angekommen. Dicke Luft hier.»
«Soll ich gehen?» fragte ich.
«Bloß nicht! Wenn du dabei bist, kann es nicht so schlimm werden.» Klaus drückte mir die Hand. Tina grinste, als sie es sah.
«Wette, ihr seid verliebt!» sagte sie.
«Dieser blöde Brief wird mir noch den Tag vermiesen. Meine Mutter kann ganz schön sauer werden.»
«Und dein Vater?»
«O je, mein Vater! Er schimpft, schmeißt mit solchen

Schlagwörtern um sich wie verantwortungslos – doch nur ein dummer Junge, den man an die Kandare nehmen muß – keine Einsicht – kein Durchblick – nicht genug Verstand und so weiter! Und dann zieht er mich zur Verantwortung, ha.»

«Klaus? Bist du es?» rief seine Mutter aus der Küche.

«Ja!» antwortete Klaus. Leise sagte er zu mir: «Heute gibt's Sauerkraut mit Kaßler.»

«Komm her!» Die Stimme von Frau Paßmann klang kalt. Meine Mutter hatte so eine Stimme gar nicht. Ich hätte mich gerne verdrückt, aber Klaus zog mich mit sich in die Küche.

Frau Paßmann sah uns entgegen, sie hatte den Wisch von der Schule in der Hand. Mich beachtete sie nicht. Sie fuhr Klaus mit dieser kalten Stimme an:

«Willst du mir erklären, was das zu bedeuten hat?»

Klaus nahm den Zettel, wir lasen ihn gemeinsam. Der teilweise vorgedruckte Text informierte die Eltern des Schülers Klaus Paßmann darüber, daß sich der Direktor veranlaßt sieht, das Verhalten des Sohnes mit einem verschärften Tadel zu rügen. Und dann folgte die Aufzählung der Missetaten.

Klaus schwieg.

«Jeder von uns kriegt so einen Brief», mischte ich mich ein, weil ich das Gefühl hatte, irgend etwas müßte gesagt werden.

«Das ist mir egal, du bist mir eine Erklärung schuldig!» sagte Klaus' Mutter. Sie sprach akzentuiert, gewähltes Hochdeutsch, das machte den Ernst der Situation noch deutlicher.

«Nimm es nicht so tragisch, Mutti, es war ein Streich, den

wir unserem Lateinlehrer gespielt haben, weil es so schönes Wetter war. Er versteht keinen Spaß.»
«Spaß?! Nennst du das Spaß, wenn ihr offen Widerstand leistet? Ist das Spaß? Wo kommen wir da hin? So benimmst du dich? Weißt du nicht, was sich gehört? Es ist eine Schande, es ist eine Schande.»
Sie machte eine Pause. Vielleicht wußte sie nicht richtig weiter. «Dein Vater wird dir noch ganz etwas anderes erzählen», sagte sie schließlich. Dabei füllte sie die Teller mit dem Mittagessen. Ihr fiel ein, daß ich auch noch in der Küche herumstand.
«Willst du mitessen, Marlies?» Ich mußte lächeln. Klaus hatte mich mit meinem richtigen Namen in der Familie vorgestellt, hatte nicht von «Mariechen» gesprochen.
«Nein, danke», sagte ich artig. «Ich muß nach Hause. Klaus wollte mir bloß ...»
Sein Name brachte eine dunkle Wolke in ihr Gesicht. Mist.
Wir gingen schnell in Klaus' Zimmer. Er gab mir einen kleinen Kuß und suchte die Schallplatte für mich heraus.
«Sie kriegen sich wieder ein», sagte ich leise. «Mach dir nichts draus!»
«Wie geht es bei dir?» fragte Klaus.
«Meine Mutter hält mich in jedem Fall für unschuldig. Ihre Tochter kann einfach nichts Böses tun. Ihre Tochter – das bin ich.»
«Da hast du es gut. Meine Eltern stehen automatisch auf seiten der Schule und der Lehrer. Erwachsene halten zusammen.»
«Klaus, wird's bald?» rief seine Mutter.

«Tschüß», sagte ich, und ins Eßzimmer rief ich: «Auf Wiedersehn!»
«Auf Wiedersehn», antwortete Frau Paßmann kühl.
Klaus ging ins Eßzimmer wie in die Höhle des Löwen.
Ganz schön unfreundlich, die schöne Frau Paßmann.

Am anderen Morgen war in unserer Klasse der Teufel los. Fast ohne Ausnahme hatten alle Ärger mit ihren Eltern gehabt, und dieser Ärger machte sich Luft.
Siegfried saß an seinem Tisch, streckte die langen Beine untendurch und schlug immer wieder mit der Faust auf den Brief, den er vor sich liegen hatte, und schrie:
«Scheißschule! Scheißschule! Es kommt noch so weit, daß meine Geburtstagsparty platzt. Terror ist das!»
«Was ist mit deiner Party?» fragte Uli.
«Meine Eltern wollen mir die Party verbieten – so ein Bummelant wie ich hätte keine Party verdient. Bloß wegen des Briefes. Die Welt geht unter, wenn ich einen Tadel kriege!»
Wir hatten alle die Briefe bei uns. Sie sollten heute unterschrieben wieder abgegeben werden. Alle Eltern hatten dafür gesorgt, daß wir das Ding in der Tasche hatten.
«Ich muß darüber nachdenken, was ich Lehrern und Eltern schuldig bin», seufzte Gerd.
«Na, und was sind wir ihnen schuldig?» rief Klaus böse.
«Daß wir uns wehren, uns nicht einfach in den Sack stekken lassen.»
«Wir sollten die Briefe verbrennen!» schlug einer vor.
«Lieber nicht», sagte Tilde, «meine Alten haben so sauer reagiert, daß ich sie nicht weiter reizen möchte. Laßt lieber Lutz Windig was anstellen.»

Klaus erzählte, was er von seinem Vater zu hören gekriegt hatte: «Der weiß genau, weshalb wir über die Stränge schlagen! Uns geht es zu gut! Uns Konsumbürschchen werden alle Wünsche erfüllt. Das ist der Grund!»
«Konsumbürschchen», wiederholte Uli. «Darauf ist meine Mutter gar nicht gekommen, sie wollte bloß von mir hören, daß ich vielleicht nur Mitläufer gewesen wäre. Aber den Zahn hab ich ihr gezogen!»
Es stellte sich heraus, daß Klaus' Vater dieselbe Frage gestellt hatte, und nicht nur sein Vater, auch die Mütter und Väter von anderen, von Gerd, Dopsi und Dieter hatten so reagiert.
«Mitläufer zu sein, ist für sie nicht so schlimm. Aber Anstifter! Das macht sie ganz unruhig. So weit darf man nicht sinken ...» sagte Gerd.
Und Wolle sagte höhnisch: «Wo bleiben da Ruhe und Ordnung?»
«Meinen Vater», rief Klaus, «hätte es getröstet, wenn ich gesagt hätte, die anderen haben den Mist gemacht, ich hab bloß danebengestanden. Eine schöne Enttäuschung war das. Ich hatte gedacht, der findet es gut, wenn man sich nicht hinter den anderen versteckt. Er fand es nicht gut. Schüler, die dumme Streiche machen, nimmt man nicht für voll. Als ob wir sonst für voll genommen werden! Mist.»
«Feige sind die Erwachsenen, feige! Aber uns können sie die Hölle heiß machen!» jammerte Siegfried.
Ich hatte noch nicht mit Klaus gesprochen, ich glaubte, er hätte mich nicht bemerkt.
«Hallo, Klaus», sagte ich.

«Tag, Süße!» quatschte mich Uli an, noch bevor Klaus was sagen konnte. Klaus zwinkerte mir zu.
«Wir warten auf deinen Kommentar», sagte Uli.
«Meine Mutter hat gesagt, daß unsere Streiche gemein sind, und wenn ich es richtig überlege, dann denke ich, sie hat recht», sagte ich.
«Ganz was Neues! Mariechen findet uns gemein. Sie allein ist brav. Mach weiter so, dich kann keiner unterdrücken, du bist schon von selbst ganz klein!»
Und Klaus meinte, ich tickte wohl nicht richtig.
Ich konnte nicht antworten. Klaus hatte mich beleidigt. Ein scheußliches Gefühl. Ich mußte schlucken, weil ich plötzlich zuviel Spucke im Mund hatte.
Sei nicht so empfindlich, sagte ich zu mir. Spiel bloß nicht die Beleidigte! Laß dir nichts anmerken. Wir reden immer so. Aber Klaus durfte nicht so mit mir reden: Bei dir tickt's wohl nicht richtig! Aus Ulis Mund war das normal.
Er hat es nicht böse gemeint, redete ich mir ein.
«Wehe den Lehrern!» krähte Siegfried.
«Wer hat denn eine Idee?» fragte Uli.
«Setzt euch bitte! Die Schule hat begonnen.» Frau Treipel stand plötzlich hinter uns. Wir hatten sie nicht bemerkt.
«Sei lieb, Mariechen», flüsterte Klaus. «Ich hab's nicht so gemeint!»
Na gut, na schön. Aber er machte es sich zu einfach! Und ich? Ich machte es ihm vielleicht auch zu einfach.
Frau Treipel ließ die unterschriebenen Tadelbriefe einsammeln. Uli rief: «Hoffentlich wollen Sie uns nicht

auch noch eine Standpauke halten. Davon haben wir genug bekommen. Lehrer und Eltern verbündet euch, dann kriegt ihr die Lausebengel der 9b schon klein!»

«Moment mal! Um was geht es hier eigentlich?» Sie unterbrach sich, blickte sich suchend um. «Übrigens, ist Lutz Windig nicht da? Bei dieser Diskussion sollte er dabei sein. Ich habe den Verdacht, daß er der eigentliche Anführer ist.»

«Fehlt», sagte Klaus.

«Wieder einmal. Schade. Irgend etwas stimmt mit dem Jungen nicht. Kehren wir zu unserem Thema zurück. Was steckt hinter eurer Aufsässigkeit? Warum verhaltet ihr euch so aggressiv?»

Siegfried meldete sich zu Wort: «Wir wollen bloß ein bißchen Spaß machen. Dafür bekommen wir einen Brief nach Hause geschickt, der die Eltern wild macht. Wenn ein Lehrer Witze reißt, sollen wir lachen!»

«Hör auf, Hummel, wir wollen ernsthaft diskutieren!» sagte Tilde.

«Ist doch wahr», maulte Siegfried.

«Na Klaus», sagte Mami Treipel. «Wie wär's? Kannst du erklären, um was es geht?»

Ich drehte mich halb zu ihm um.

«Das ist doch so ...» fing er an. «Wir Schüler sollen uns jeden Tag wie eine Herde Schafe hier versammeln, sollen im Unterricht aufpassen, still sein, kauen, wiederkauen, Leistungen erbringen. Alle eintausenddreihundert Schafe dieser Schule dürfen in der Pause einmal blöken, sonst nicht, sonst immer brav sein, angepaßt. Verdammt, wir wollen nicht dauernd Schafe sein!»

«Bei eintausenddreihundert Schülern muß es eine Schulordnung geben! Wir müssen ein gewisses Maß an Anpassung von euch verlangen. Der Schulalltag, der Unterricht, sogar eure Freizeit in den Pausen muß organisiert sein. Habe ich dich richtig verstanden, Klaus, daß diese Ordnung euch einengt? Ihr lehnt euch gegen den täglichen Zwang auf?»

Ohne nachzudenken sagte ich: «So ist es!» Ich war froh, daß Mami Treipel mit uns sprach. Vielleicht konnte ein Gespräch etwas ändern ...

«Meine Eltern verbieten mir vielleicht meine Geburtstagsparty!» quasselte Siegfried dazwischen. Der mit seiner blöden Party!

«Anpassung ist Lüge, Katzbuckelei, damit man durch diese Schule kommt, alle Versetzungen schafft, gute Zensuren kriegt.»

«Moment, Uli, nicht so schnell. Anpassung ist Lüge? Das stimmt nur dort, wo jemand gegen sein besseres Wissen und Gewissen Sachen mitmacht, die falsch sind. Das wird an der Schule nicht gefordert. Im Gegenteil.»

«Aber hier ist was faul! Wir fühlen uns ohnmächtig. Wir werden beschimpft, kriegen schlechte Noten, und wir können nichts dagegen tun!» erklärte Tilde.

«Wenn wir sagen würden, was uns hier alles nicht paßt, wären wir schon längst von der Schule geflogen!» ergänzte Gerd.

«Ich bin mir wohl bewußt, daß die Schule nicht alle eure Bedürfnisse berücksichtigt, das kann sie gar nicht, aber ich finde es schlimm, wenn ihr, wie Tilde sagt, Ohnmachtsgefühle entwickelt. Das sollte nicht sein.»

«Und das wollen wir auch ändern», sagte Klaus.

«Mit euren Terrormethoden erreicht ihr nichts. Wenn ihr

etwas lernen wollt, muß ein vernünftiges Lehrer-Schülerverhältnis gegeben sein.»
«Das kennen wir! Biste nicht brav, kriegste einen Tritt in den Hintern.»
«Warum helfen uns die Lehrer nicht? Warum liegt ihnen mehr daran, uns fertig zu machen, als uns zu fördern?» fragte Uli.
«Das ist eine grobe und fahrlässige Verallgemeinerung!» rief Mami Treipel laut. «Wir sind dazu da, euch zu fördern.»
«Unsere Erfahrungen sind da anders», sagte einer.
«Aller Druck ist zu unserem Wohle!» höhnte Uli.
«Mensch, Uli, ohne Druck machten wir alle nichts. Würdest du lateinische Vokabeln lernen ohne Zwang, aus Lust und Liebe? Ich nicht! Ich würde bloß den ganzen Tag durch den Wald oder Tiergarten streunen. Das macht mir Spaß.»
Das kam natürlich von Wolle. Alles lachte.
Frau Treipel sagte, wir gingen in die Schule, weil wir in einer hochzivilisierten Gesellschaft lebten, nicht mehr im Naturzustand, wo Dieter Wolle vergnügt mit Pflanzen und Tieren umgehen könnte, sondern im Kulturzustand.
Zum erstenmal meldete sich Martin Klamm:
«Ich würde es nicht Kulturzustand nennen, sondern Industrie- und Fabrikationszustand. Wird nicht alles künstlich gemacht, alles Leben von vornherein geordnet, eingezwängt, geformt, genormt? Auch wir Schüler sollen doch auf eine Norm gebracht werden, damit wir in dieser Gesellschaft funktionieren ...»
Vielleicht ist es das, dachte ich. Und Mami Treipel antwortete:

«Damit müssen wir leben, und wir müssen jeder für sich etwas Gutes daraus machen ...»
Etwas Gutes daraus machen. Ja, ich jedenfalls wollte, daß wir etwas Gutes machten.
Alle waren sich einig, daß dieses Gespräch mit Mami Treipel gut gewesen war, aber es änderte nichts.

Nein, es änderte nichts. In der nächsten Stunde langweilte uns Bulle. Dann Dr. König mit seiner arroganten Überlegenheit. Wir waren wie gelähmt. Wir fühlten uns ohnmächtig.
Vielleicht passierte aus dieser Stimmung heraus die blöde Sache mit dem Klassenbuch.
Plötzlich war es weg. Uli hatte schon mal verkündet, daß man gut ohne Klassenbuch auskommen könne, deshalb paßte Tilde immer drauf auf wie ein Luchs. Aber in der großen Pause war es verschwunden.
Tilde sagte Uli auf den Kopf zu, daß er es genommen hätte. Aber wie Uli ist, er ließ sich nicht festnageln.
«Das hat unser Freund Lutz gemacht! Frag Lutz Windig!» höhnte er.
Tilde nahm mich mit ins Sekretariat, wo eine ganze Regalwand mit Fächern steht, für jede Klasse ein Fach. Da hat das Klassenbuch nach Schulschluß seinen Platz. Es war nicht da. Ich war überzeugt, daß Uli es geklaut hatte, wir hätten uns den Weg ins Sekretariat sparen können.
Statt des Klassenbuchs fanden wir in unserem Fach etwas ganz anderes: einen Brief, der an Gerda Windig adressiert und zurückgekommen war. Wir nahmen ihn in die Hand. «Adressat unbekannt, nicht zustellbar».

«Da haben wir den Salat!» sagte Tilde. «Jetzt ist Lutz gestorben.»
«Na endlich, das wurde aber auch Zeit», sagte ich.
«Meinst du das wirklich? Ich finde Lutz prima, bringt doch Leben in die Bude.»
«Ich weiß nicht.»
«Das sagst ausgerechnet du, wo Klaus die Idee hatte! Und du bist doch ganz schön verknallt in Klaus!»
Wörter können eine Sache heruntermachen, so daß sie wie billige Schlußverkaufsware erscheint. Verknallt! Wollte Tilde mir weh tun? War es Gleichgültigkeit? Waren die Gefühle eines anderen nie so viel wert, daß man sie wie die eigenen achtete? Ich war zu empfindlich. Wir redeten doch immer so. Sollte sie doch denken, ich sei verknallt! Was ich wirklich für Klaus fühlte, brauchte ich ihr nicht auf die Nase zu binden.
«Du machst ein Gesicht, als ob ich dir auf die Zehen getreten hätte.»
«Du trampelst auf meiner Seele rum», sagte ich lachend.
«Mariechen hat eine Seele!» schnaufte sie, legte den Arm um mich und grinste.
«Du doch sicher auch», sagte ich ernsthaft.
«Na klar. Aber ich führe sie nicht spazieren. Es bellen zu viele Hunde, das erschreckt sie.»
«Du hast recht, ich hab auch Angst vor den Hunden.»
«Laß dich nicht bange machen, auch die Beller haben eine Seele.» Wie recht Tilde hatte! Ich wußte sofort, daß sie recht hatte, wenn sie die bellenden Hunde in Schutz nahm. Sie bellten vielleicht nur, damit nicht sie angebellt wurden.
«Dann hat Bulle auch eine Seele», spann ich den Faden weiter.

«Der nicht! Pauker nicht, mit wenigen Ausnahmen. Und unser Lutz hat keine!» Tilde vergaß das Klassenbuch. Wir gingen Arm in Arm auf den Schulhof.
«Deshalb mag ich den Lutz auch nicht mehr leiden», erklärte ich Tilde. «Und außerdem – warum sollte ich mit Klaus ständig einer Meinung sein? Verliebtsein heißt doch nicht, keine eigene Meinung mehr zu haben.»
«Du machst alles viel zu kompliziert.»
Machte ich das? Heute war eben alles kompliziert. Die Sache mit Klaus lag mir im Magen. Irgend etwas stimmte nicht mit uns. Er ging mir aus dem Weg. Etwa weil ich eine andere Meinung hatte als er? Weil ich nicht richtig tickte? Immer wenn ich daran dachte, kriegte ich die Wut, daß er mich einfach so beleidigen konnte. Aber es hing wohl doch mit Uli zusammen, Uli, der ihn jetzt immer häufiger auf seine Seite zog.
Na, wenn Klaus es so wollte, dann konnte ich ihm auch die kalte Schulter zeigen. Das tat zwar weh, aber ...
In den Unterrichtsstunden war ich gar nicht ganz da. Die anderen wohl auch nicht, denn es war furchtbar laut. Ich hatte den Eindruck, daß alle Lehrer immer bloß schimpften. Jedesmal wenn ich wach wurde und zuhörte, schimpfte einer und die Klasse grölte.
Ein scheußlicher Tag!
Und dann hörte ich auch noch, wie Uli zu Klaus sagte: «Du wirst sehen, es wird ganz toll!» Er machte ein geheimnisvolles Gesicht dabei.
Wir waren auf dem Weg zur Bushaltestelle. Wir gingen nebeneinander, aber wir faßten uns nicht an.
Uli mußte abbiegen.
«Tschüß!» rief er laut.

Dann waren wir allein. Unsere Arme berührten sich im Gehen. Irgendwas war anders heute. Der Bus kam, wir stiegen ein. Wir standen nebeneinander. Und die ganze Zeit redeten wir kein Wort über uns. Wir redeten überhaupt nicht.
Aber er fuhr bis zu meiner Haltestelle mit. Vielleicht waren wir uns ja doch nicht böse?
Warum fiel es uns schwer, das erste Wort zu sagen?
«Also», sagte Klaus.
«Also?» sagte ich.
Ein Junge mit einem bunten Drachen rannte über die Straße, er trug ihn vorsichtig, der lange Drachenschwanz trudelte hinter ihm her. Ein schöner, langer Nachmittag lag vor uns. Wir konnten gemeinsam etwas unternehmen. Vielleicht spazieren gehen! Es wurde Herbst.
Der Herbst hat bunte Flügel, dachte ich. Ich sah kleine gelbe Birkenblätter, sie segelten über den Gartenzaun.
Ob Klaus wohl lachte, wenn ich so etwas Romantisches sagte?
«Der Herbst hat bunte Flügel», sagte ich.
Klaus guckte mich überrascht an.
«Die Blätter? Meinst du die Blätter?»
«Wir sollten mal spazieren gehen, was hältst du davon?»
Klaus sah verlegen aus. «Ich kann heute nicht, ich bin mit Uli verabredet, er tat so geheimnisvoll, als ob er heute echt was losmachen würde.»
Nun ja, jeder kann über seine Zeit bestimmen. Mußte er mich fragen, wenn er sich mit jemandem verabredete? Nein, natürlich nicht. Bloß ich, ich hätte mich nicht mit jemand anderem verabredet ohne ihn. Mir tat jede Stun-

de leid, die wir nicht zusammen waren. Aber das war mein Bier.
Klaus ging wie selbstverständlich mit in meine Richtung. Er brachte mich nach Hause.
«Bist du sauer?»
Ich hätte so tun können, als machte es mir nichts aus, daß er seinen Nachmittag ohne mich verplante. Aber ich wollte mich nicht verstellen.
«Ich bin etwas enttäuscht ...» Ich fühlte mich hilflos.
«Eigentlich hast du recht. Was kann Uli schon Tolles auf Lager haben? Ich hab einfach ja gesagt.»
«Es ist nicht so schlimm», sagte ich lahm.
Die Straße lag verlassen und still in der Mittagssonne. Ich sah, daß Klaus einen Blick nach rechts und links warf, dann nahm er meinen Kopf in die Hände und küßte mich. Ich wollte immer so stehen bleiben, hier, den Kopf zwischen seinen warmen Händen und seine Lippen auf meinem Mund. Ich machte die Augen zu. Hör nicht auf! Geh nicht weg! Bleib bei mir! Ich bin so glücklich. Er nahm seine Hände weg. Es war vorbei. Ich blieb betäubt so stehen, die schwere Schultasche in der Hand.
«Tschüß, mein Mariechen!»
«Wir haben nicht genug Zeit zum Küssen.»
«Morgen.» Er schien mir ein bißchen verlegen.

13

Es war schon ein komisches Gefühl, so allein. Mein erster Nachmittag ohne Klaus, seit ... seit mindestens einer Woche. Na, auch gut. Endlich kam ich dazu, Kerstin anzurufen. Wie oft hatte ich mir das schon vorgenommen. Ich hatte sie vernachlässigt. Und sie – sie hatte immerhin ein paarmal bei mir angerufen, aber ich war immer bei Klaus oder mit ihm zusammen gewesen.

«Duuu?» sagte sie, als ich mich meldete. «Gibt's dich auch noch?»

«Komm, sei nicht knatschig!» sagte ich schuldbewußt.

Sie schwieg am anderen Ende.

«Hast du Zeit?»

«Ich schon ...» antwortete sie spitz.

Ich wollte sie so gerne treffen. Sofort und auf der Stelle. Ich merkte, daß es mir wirklich wichtig war.

«Ich komm vorbei», sagte ich. «Einverstanden?» Sie machte es mir nicht leicht und ließ sich zweimal fragen. Aber dann plötzlich lachte sie und sagte, ich sollte bloß schnell kommen, sie wär neugierig auf meine Probleme. Woher wollte sie wissen, daß ich Probleme hatte? Als ich dann bei ihr war, war alles wie früher.

Kerstin hatte ihre Gitarre im Arm und übte raffinierte Griffe, als ich kam. Sie ließ sich nicht stören.

Ich stand in der Tür und hörte ihr zu. Dann merkte ich, daß sie mich mit Musik begrüßte – aus den Übungsgriffen wurde plötzlich ein Beatlesong, ich erkannte ‹Yesterday›. Mir tut diese Melodie immer irgendwie weh, Heimweh, obwohl man doch zu Hause ist, oder Abschied, obwohl

man doch gerade mit einem, den man gern hat, zusammen ist.
«Tag, alte Rübe!» sagte sie zärtlich.
«Es kommt mir vor, als ob du hübscher geworden wärst!» sagte Kerstin. «Abgenommen? Sehr gut.»
Mit Kerstin konnte ich sprechen. Bei ihr wußte man, woran man war. Sie sagte einem die Wahrheit ins Gesicht. Das ist nicht immer schön, überhaupt nicht. Aber wenn man sich von dem Schreck erholt hat, kann man die Sache überdenken.
Kerstin hatte recht mit ihrer Standpauke, die sie mir hielt.
«Typisch Mädchen!» sagte sie. «Kaum hast du einen Freund, schon hast du mich vergessen. Ist doch so? Gib's zu. Gegen einen Freund kommt eine Freundin nicht an.»
Ich hielt still, damit sie ihren Dampf ablassen konnte.
«Komm mit», sagte sie dann. «Wir kochen Tee.»
Wir gingen in die Küche. Kerstins Mutter begrüßte mich.
Kerstin ließ mich eine Teesorte wählen: Apfeltee, Vanilletee, Wildkirschentee, noch ein paar Sorten.
«Ich habe dich vermißt», sagte Frau Brand.
«Kerstin ist auch nicht zu uns gekommen!» sagte ich. Das war eine lahme Entschuldigung.
«Wir nehmen Vanilletee, Mutti. Hast du auch Kandis?»
«Ja. Aber stört mich nicht, ich lese gerade ein ganz aufregendes Buch.» Damit verschwand Frau Brand aus der Küche. Eine ziemlich geniale Hausfrau, die Frau Brand, ordentlich war es hier nicht, sie kehrte der Unordnung einfach den Rücken und vertiefte sich in ein aufregendes Buch!
Kerstin und ich brauchten nicht lange, um ins Gespräch zu kommen. Das heißt, sie redete, lachte, informierte

mich über ihre neue Schule, karikierte Mitschüler und Lehrer. Sie war unkompliziert und vergnügt. Wie gern ich sie hatte. Ich sagte vorerst nichts, weil es schön war, ihr zuzuhören.
Der Tee war fertig, wir trugen zusammen Geschirr und Kandiszucker in Kerstins Zimmer.
«Ich zeig dir was!» sagte Kerstin, als wir den Tisch gedeckt hatten. Sie stellte ihren großen Zeichenblock gegen die Wand und schlug ihn auf.
Eine Katze! Was für eine Katze! Ernst, gelangweilt und doch gefährlich blickte mich diese rothaarige Katze aus schrägen grünstarren Augen an.
«Mira hat mir Modell gesessen. Ich habe ein ‹Sehr gut› für das Bild bekommen. Ich bin ganz stolz drauf. Eine Katze ist ja nicht einfach.»
«Toll ist das! Echt. Wirklich toll.»
Wir tranken Tee, und ich guckte mir ab und zu diese Katze an. Und sie guckte mich an.
«Kommst du gut zurecht in deiner Schule?» wollte ich wissen.
«Viel besser als bei euch. Ich hab den Stoff ja schon einmal durchgekaut. Sie machen es einem leichter. Schon so ein Mathebuch ist nicht restlos abstrakt. Jedenfalls brauche ich nicht jeden Tag mit Angst in die Schule zu gehen. Ich schaff's, das ist die Hauptsache. Was ist mit dir los, Mariechen? Du hast doch was? Nun mal raus mit der Sprache!» So ist das oft bei Kerstin. Sie läßt einen warm werden und dann zielt sie direkt auf dein Problem.
«Laß mich raten! Verliebt ... Verliebt mit Liebeskummer!»
Ich grinste.

«Ach du liebe Güte.» Kerstin seufzte. «Wenn sich Mariechen verliebt, ist das eine ernste Sache!»
Ich nahm schnell einen Schluck Tee, verschluckte mich und mußte husten.
«Ist es Klaus?» fragte Kerstin.
Ich erzählte ihr alles, vor allem, wie sich Klaus verändert hatte.
Ich erzählte ihr von Lutz Windig, den Klaus erfunden hatte, und wie sich die Stimmung in der Klasse durch Lutz Windig von Gleichgültigkeit bis zu Wut und Aggression gesteigert hatte.
«Na, das ist aber mal ein Ding! So eine starke Idee hätte ich Klaus nicht zugetraut. Hör mal, das ist doch prima. Bei uns läuft alles ruhig, wir haben ganz nette Lehrer, bißchen locker, bißchen streng, richtige Mischung. Natürlich, Bulle war immer ein Ekel. Und weiter?»
«Klaus hängt sich an den Uli. Uli braucht bloß was zu sagen, dann macht Klaus mit. Auch heute ...»
Die Tür ging auf, Frau Brand steckte den Kopf ins Zimmer. «Ich bring euch ein bißchen Gebäck zum Tee. Mein Buch habe ich ausgelesen. Kann ich mich ein bißchen zu euch setzen?»
Unser Gespräch war unterbrochen, aber das war nicht schlimm. Frau Brand mit Afrolook-Wuschelkopf redete mit uns, als wären wir ihre Freundinnen.
«Ist Verliebtsein schön?» fragte Kerstin ihre Mutter.
«Ja», sagte die, ohne zu zögern, «es ist das Schönste von allem.» Sie verdrehte die Augen, und wir mußten lachen.
Wie einfach das war! Klar, Liebe ist das Schönste! Schön, schöner, am schönsten, warm, wärmer, am wärmsten, gut, besser, am besten!

«Ich kann nicht mitreden. Wenn ich mal verliebt war, gab's immer eine Enttäuschung», sagte Kerstin. «Ich muß Liebe wohl noch lernen.»
«Es gibt eine Menge zu lernen auf dem Gebiet. Wie man den anderen und sich selbst versteht, wie man das macht, wirklich offen und ehrlich zu sein. Wie man Liebe annimmt und zurückgibt. Da erlebt man schon mal Enttäuschungen, und einen Teil davon hat man bestimmt selbst verschuldet. Aber es lohnt sich immer, einmal aus sich herauszugehen, einem anderen nahe zu sein, ihn zu fühlen, sich selbst zu fühlen. Man schaut die Welt mit anderen Augen an, und sieh da: Die Welt ist schön, wie neu. Ihr werdet es erleben!» sagte Frau Brand abschließend. Sie lachte wieder.
«Du bist vielleicht romantisch, Mutti!» spottete Kerstin. «Und was ist, wenn so ein Geliebter einem auf der Seele rumtrampelt? Oder bloß Sex im Kopf hat?»
«Das darfst du nicht so eng sehen. Sex gehört mit dazu, ist aber nicht alles. Trotzdem hast du recht: Es muß schon der richtige Partner sein, einer, zu dem man Vertrauen haben kann.»
«Also ist es doch nicht so einfach: Man verliebt sich, und die Welt ist schön!»
Die zwei zankten hin und her. Ich dachte mir mein Teil. Ich war verliebt, so viel war klar. Klaus! Wenn ich ihn sah, wurde ich durch und durch warm. Ich hatte seine Hände gern und seine Augen, seine Stimme, besonders seine Stimme, wenn er leise mit mir redete. Und wie er sich bewegte, ein bißchen schlaksig, ein bißchen schüchtern. Merkwürdig: Küssen hatten wir schnell gelernt, jetzt mußte ich noch lernen, ihn zu verstehen, damit mir nicht

die Decke auf den Kopf fiel, wenn er einen Nachmittag mit Uli verbrachte.

Als ich nach Hause ging, fühlte ich mich gut. Richtig fröhlich. Ich nahm mir vor, ihn gleich anzurufen. Dann hörte ich heute wenigstens noch einmal seine Stimme.

Ich rief bei Paßmanns an, aber er war nicht zu Hause.

14

Am nächsten Tag hatte es sich in der Klasse rumgesprochen, daß Tilde und ich im Sekretariat in unserem Klassenfach den Brief an Frau Gerda Windig gefunden hatten und zwar mit der Bemerkung: «Adressat unbekannt». Was das zu bedeuten hatte, war allen klar. Klaus machte eine Trauermiene. Auch die anderen fanden, Lutz müsse eigentlich zu früh sterben, wir hätten ihn noch nicht richtig ausgenutzt. Überhaupt, was hatten wir eigentlich von Lutz Windig gehabt?
«Wenn er schon sterben muß, dann mit einem Paukenschlag!» rief Uli.
«Ich hab eigentlich die Nase voll von Paukenschlägen», bemerkte ich.
«Seitdem dieser Brief meine Eltern verrückt macht, habe ich Rachegefühle, die möchte ich noch loswerden», wünschte sich Siegfried.
Und plötzlich stand die Idee im Raum, einen Jungen von einer anderen Schule als Lutz Windig einzuladen. Er sollte den Lehrern einmal alles an den Kopf schmettern, was wir über sie dachten.
«Ich kenne einen, der so einen Auftritt bringen könnte», sagte Siegfried. «Das macht der auch. Er braucht ja keinen zu fürchten. Tritt auf und haut wieder ab.»
«Wer ist das? Kennen wir den?» fragte Gerd.
«Er heißt Gregor, wohnt bei uns in der Nachbarschaft. Er geht dienstags zur Berufsschule, da könnte er mal für uns blau machen. Natürlich muß ich ihn erst fragen. Und umsonst macht der das auch nicht.»

«Dienstag?» sagte Tilde. «Dienstags haben wir Englisch, Deutsch, Mathe, Geschichte und Musik.»
«Dann ist Bulle dran.»
«Oder Severin oder Dr. König!»
«Nein, Bulle!»
Ich hatte kein gutes Gefühl bei der Sache, während alle vor lauter Schadenvorfreude jubelten. Seit gestern hatte ich dauernd das Wort «Liebe» im Kopf, und so kam mir in den Sinn, daß dies alles nichts mit Liebe zu tun hatte. Im Gegenteil. Dieser Gregor sollte Lehrer fertigmachen. Und fertigmachen, das klang brutal. Das klang nach Haß. Das war Siegfrieds Empfehlung für ihn gewesen.
Besser gefiel mir Klaus' Vorschlag: Er verlangte, daß unsere Argumente gegen Schule und Lehrer noch einmal einleuchtend formuliert werden sollten. Er dachte dabei an ein Plakat, das Punkt für Punkt über unsere wirkliche Schulsituation informierte. Unterschrieben mit Lutz Windig.
«Und dann ans Schwarze Brett hängen!» rief Tilde. «Das sollten wir zusätzlich machen.»
Auch dieser Vorschlag wurde angenommen.
Klaus suchte meinen Blick. Ich nickte ihm zu. Ein Plakat war prima. Er kam zu mir, lächelte.
Für einen kleinen Augenblick nahm er nur mich wahr, und wir waren allein auf der Welt.
«Na Süße, was hältst du von Gregor?» fragte Uli. Er hatte die Frechheit, seinen Arm von hinten um meine Schultern zu legen.
«Nimm deine Pfoten weg!» sagte ich wütend.
«Immer Kratzbürste!» Uli seufzte.
«Wenn ihr wissen wollt, was ich von eurem Gregor halte,

gar nichts, das gibt nämlich wieder neuen Stunk, neuen Ärger. Ich finde es auch nicht fair ...»
«Sind die Lehrer vielleicht fair?» fragte Uli.
«Bist du nicht auf meiner Seite?» fragte Klaus, während unsere Lady schon zum Pult ging.
«Ich bin immer auf deiner Seite», flüsterte ich.

In den Pausen bastelten wir an dem Text für unser Protestplakat. Herausgekommen ist das:
Wir
(Wir hatten lange diskutiert, ob wir nicht lieber ‹Ich› schreiben sollten, weil das Ganze ja mit ‹Lutz Windig› unterzeichnet sein sollte. Aber zum Schluß siegte die Ehrlichkeit, und wir entschieden, daß es in allen Punkten ‹Wir› heißen sollte.)
Wir protestieren:
Gegen alle Lehrer, die langweiligen, uninteressanten Unterricht machen
die sich nicht vorbereiten
die bloß Pauken verlangen
die mit Schimpfen arbeiten und Druck ausüben
die uns wie kleine Kinder behandeln, selbst aber schwach und unsicher sind
die keine Kritik vertragen oder gar annehmen
die keinen Spaß verstehen
die sich hinter die Eltern stecken, wenn sie versagen
die Strebertum fördern (sei brav oder du bekommst eine schlechte Note)
die Schüler fertigmachen, sie beurteilen und verurteilen
die durch ihr Verhalten bei den Schülern Aggressionen auslösen

Alle Lehrer machen sich in vielen Punkten schuldig!
Alle Lehrer sind doof! *Lutz Windig (Klasse 9b)*

Siegfried hatte auf dem letzten Satz: «Alle Lehrer sind doof» bestanden, sonst sei das Schriftstück zu «erwachsen».

15

Nachmittags besuchte Klaus mich. Alles war vergessen, Meinungsverschiedenheiten, Lutz Windig, der blöde Uli. Er war schon öfter mal kurz bei uns gewesen, aber heute saßen wir in meinem Zimmer zusammen und hörten Platten.

Wir hockten ziemlich dicht beieinander, er ganz locker, ich auf heißen Kohlen – jeden Augenblick konnte die Tür aufgehen. Ich hatte Jochen und Peter zwar die Hölle heiß gemacht für den Fall, daß sie uns stören würden, aber auf sie war kein Verlaß. Sie wußten nur zu gut, daß ich mich ärgern würde. Deshalb mußte ich damit rechnen, daß sie urplötzlich mitten im Zimmer standen. Wehe ihnen!

«Wie gefallen dir meine Haare?» fragte mich Klaus.

Ich hörte Geräusche an der Tür.

Seine Haare? Sie paßten zu ihm, fast glatt, locker, in der Mitte gescheitelt. Vielleicht ein bißchen zu lang, man trug ja wieder kurze Haare.

«Laß mal riechen!» sagte ich. Er lachte, bog seinen Kopf zu mir, ich wuschelte meine Nase in sein Haar. Es duftete nach Apfelshampoo und nach ihm. Von dem Geruch wurde mir ein bißchen schwindelig.

«Na, was sagst du?» fragte Klaus unverschämt sachlich.

«Schön.»

«Na also, mein ich doch! An dem Tag, als der Brief von der Schule kam, fand meine Mutter, wenn sie schon gerade dabei war zu schimpfen, dann könnte sie auch gleich über meine Haare meckern. Ich sollte zum Friseur gehen. Aber ich, stell dir vor, ich hab einfach gesagt: ‹Nein, das ist mein Kopf, und die Haare sind richtig, davon lasse ich nichts abschneiden›. Es geht darum, daß ich ihr kompromißlos widersprochen habe. Zum erstenmal. Sie ist das nicht gewöhnt. Mein Vater auch nicht.» Klaus dachte eine Weile nach, und ich störte ihn nicht. Ich wußte noch nicht, worauf er hinauswollte.

«Buttern deine Eltern dich auch so selbstverständlich unter, daß du denkst, das müßte so sein?»

«Ich hab nicht das Gefühl . . .» Ach so, es ging wieder um sein Problem, sich anpassen zu müssen oder allzu angepaßt zu sein. Das hatte ich nicht.

«Ich glaube nicht, daß sie einen bewußt unterdrücken. Wir sind eben Kinder, ganz gleich, ob wir zehn, zwölf oder vierzehn sind, und sie Erwachsene. Ich hab's auch nie so gemerkt. Aber jetzt stinkt's. Wie sich mein Vater sofort auf die Seite der Lehrer gestellt hat und Gehorsam und Ordnung verlangte! Nicht mehr mit mir. Das muß ich ihm beibringen. Er muß kapieren, daß ich ich bin und über mich selbst entscheiden will.»

«Mach kein Drama draus!» sagte ich.

«Deshalb will ich doch wissen, ob du meine Haare magst. Mit kleinen Sachen fang ich an.»

Es klopfte an der Tür. Ich rückte ein wenig von Klaus ab. Diese Jungen, dachte ich. Aber nein, es war meine Mutter. Klopfte bei mir an!

«Ich hab euch ein paar Waffeln gebacken», sagte sie. Eins war klar, mit ihr würde ich niemals Krach kriegen.

«Danke, Mutti. Lieb von dir!» sagte ich.

«Danke schön», sagte Klaus höflich. «Riecht lecker.»

«Ja, laßt es euch gut schmecken!» Sie stellte den Teller auf den Tisch, blieb einen Augenblick stehen und be-

trachtete uns. Auch ich sah sie an und sah sie mit Klaus' Augen. Sie war zu dick. Sie trug eine geblümte Schürze. Sah aus wie ein Hausmütterchen. Klaus müßte auf ihr Gesicht mit dem lieben Lächeln achten.
«Iß doch mit uns!» schlug ich vor.
«Nein, nein, ich esse mit den Jungen. Ihr wollt bestimmt allein bleiben.» Damit war sie auch schon verschwunden, schloß die Tür hinter sich.
Wir aßen alle Waffeln auf. Klaus fand sie astrein. Sagte, meine Mutter koche wohl gern.
«Meine mag noch nicht mal Schürzen leiden.» Er hatte die Schürze also gesehen.
«Meine Mutter ist prima», lobte ich sie. Als ob sie das nötig hätte!
Ich legte eine neue Platte auf, Klaus trat hinter mich. Als ich mich umdrehte, umarmte er mich. Meine Gedanken wurden weich wie Butter und verschwanden einfach.
Ich brauchte nichts zu denken.

16

Im Pausenzentrum hing unser Protestplakat. Es sah sehr wirkungsvoll aus. Auf rotem Karton mit schwarzer Tusche geschrieben. Ständig war das Plakat belagert.
Die Schüler machten sich gegenseitig darauf aufmerksam, sie lasen es mit Begeisterung.
Leider hing es nicht so lange da, bis alle es gelesen hatten. Der Aufsichtslehrer informierte Dr. Plotze. Plötzlich kam er herangerauscht und nahm das Plakat eigenhändig vom Schwarzen Brett.
«Das können Sie doch nicht machen!» rief einer. «Wir haben es noch nicht gelesen!»
Dr. Plotze ließ sich nicht stören. Überhaupt nicht. Er sagte nur: «Das muß zuerst geprüft werden.»
Weg war unsere schöne Arbeit.
Vor der Mathestunde kam Mami Treipel in unsere Klasse und verlangte das Klassenbuch.
«Es ist verschwunden», sagte Tilde kleinlaut.
Mami Treipel wurde rot. Ich glaube, sie sah rot.
Dr. König kam herein, wurde informiert und donnerte los: «Wo ist das Klassenbuch, Freunde! Wer hat es? Heraus damit, aber sofort. Es wird gebraucht! Keine Mätzchen mehr!»
«Ich hab das Klassenbuch überall gesucht. Es ist seit Tagen nicht zu finden», sagte Tilde. Ihre Stimme klang, als ob sie mit Tränen kämpfen müßte.
Mami Treipel wandte sich an die ganze Klasse:
«Nach dem neuesten Streich von Lutz Windig möchte Herr Dr. Plotze das Klassenbuch der 9b einsehen. Es

muß einfach da sein. Es fällt auf mich zurück, wenn es nicht da ist.»
Dr. König wollte sie beruhigen: «Regen Sie sich nicht auf, das kommt schon wieder.»
Ich guckte zu Uli rüber. Der saß ganz brav an seinem Tisch und tat, als ginge ihn das Ganze nichts an.
Tilde heulte jetzt wirklich.
«Ich vermute», sagte Dr. König, «daß jeder von euch weiß, wo das Klassenbuch ist. Also raus mit der Sprache!»
«Nein, nein!» und «Bestimmt nicht!» riefen alle durcheinander. Das Buch tauchte nicht auf, und Mami Treipel zog ab.
«Was sollen wir armen Lehrer mit euch machen?» fragte Dr. König scheinheilig. «Wir müssen uns hinter eure Eltern stecken, die dürfen euch ja noch den Hosenboden stramm ziehen, wie ihr es verdient habt.» Er lachte höhnisch. Er hatte unser Plakat gelesen.
«Buh!» machte Klaus.
«Alle Lehrer sind doof!» zitierte Dr. König. «Wollen wir doch mal sehen, wie doof die Schüler sind. Ich habe die Mathematikarbeiten nachgesehen. Resultat: sechsmal mangelhaft, siebzehnmal ausreichend, der Rest – zwei Arbeiten – ist immerhin erträglich.»
Ich hatte ein Gefühl im Magen, als säße dort ein Igel mit aufgerichteten Stacheln. Nicht wegen der Zensuren (ich hatte noch eine Vier, Klaus auch), sondern wegen des offenen Hasses, den ich zu spüren glaubte, und weil ich wußte, daß wir wegen des Klassenbuchs mal wieder im Unrecht waren.
In der Pause rückte Uli mit der Wahrheit heraus:

Er hatte das Klassenbuch zerrissen und in den Fluß baden geschickt!
Noch immer feixten die anderen. Nicht das Klassenbuch schien ihnen wichtig, sondern die Tatsache, daß unser Plakat einfach abgenommen worden war. Dabei war das eine und das andere mies. Eine Art Bedrohung lag in der Luft. Aber es passierte nichts. Jedenfalls nicht sofort.

Sonnabend war dann Siegfrieds gräßliche Party. Die durfte nämlich doch stattfinden. Er hatte seine Eltern rumgekriegt.
Wenn ich heute dran denke, krieg ich immer noch Gänsehaut, so schrecklich war sie. Dabei fing sie so gut an.
Siegfried hatte sich angestrengt, hatte den Keller prima geschmückt. Um die Lampen hatte er rotes Papier gewikkelt, und auf dem Boden an den Wänden entlang lagen Matratzen als Sitze. Es gab Platten mit belegten Brötchen und Cola aus Pappbechern.
Als Klaus und ich ankamen, lümmelten da schon so viele Leute, daß wir nicht wußten, wohin wir uns setzen sollten. Klaus fand ein Plätzchen, und er zog mich auf seinen Schoß. Schön war das. Da hatte ich noch keine Ahnung, was der Abend bringen würde.
Uli kam und zog sofort eine Schau ab; aus den Taschen und Ärmeln seines Parkas zauberte er Bierflaschen hervor, mindestens vier Stück.
Siegfried legte Platten auf, schöne Schmuse-Tanzmusik. Klaus stupste mich von seinem Schoß, und wir tanzten. Klaus kann nicht richtig tanzen, wir schoben und hopsten langsam durch die Menge. Klaus lachte. Uns gefiel die Party.

Schon wieder kam Uli mit Bierflaschen an. Wo er die bloß herholte!
«Ist ein nettes Mädchen, das Mariechen!» sagte Uli und öffnete eine Flasche. «Könnte mir auch gefallen!»
«Aber du gefällst mir nicht!» sagte ich schnell.
«Hab ich das verdient?» seufzte Uli. «Wo ich doch für euch das Bier organisiert habe. Reiz mich nicht, Mariechen! Nimm dich in acht. Widerstand reizt mich.»
«Was meint er?» fragte ich.
«Das sind so Sprüche», sagte Klaus und tanzte mit mir los.
Frau Hummel lief durch den Partykeller und rief: «Mein Gott, wie viele kommen denn noch? Nimmt das denn kein Ende?»
Dabei hatte es gerade erst angefangen. Aber Siegfried hatte alle eingeladen, die er kannte, die Bude war schon voll, es kamen immer noch Leute.
Plötzlich ein großes Hallo. Siegfried schrie über das Getümmel hinweg: «Das ist Gregor, Leute, hört mal alle her, das ist Gregor, unser Lutz-Windig-Interpret!»
Es wurde still, und wir starrten auf den Star. Siegfried riß ihm den Arm hoch wie einem Boxchampion, der gesiegt hatte. Sein wuschelig lockiges Haar stand um seinen Kopf herum, mit etwas vorstehenden Zähnen lächelte er auch wie ein Boxsieger. Er gefiel mir nicht besonders.
«Bier her!» waren seine ersten Worte. Siegfried reichte ihm eine Flasche und einen Öffner. Gregor ließ die Kappe abspringen, setzte die Flasche an den Hals.
«Ich hatte mir meinen Lutz anders vorgestellt», flüsterte Klaus mir zu.
«Wie denn?»

«Ich weiß nicht. Nicht so ein Draufgängertyp. Mehr so einer, der Ruhe, Sicherheit und Selbstbewußtsein hat. Na, Selbstbewußtsein hat der ja wohl auch ...»
«Was ist euch die Sache wert?» fragte Gregor.
Es wurden Vorschläge gemacht: ein Kasten Bier, Zigaretten, Poster, einer wollte eine Schallplatte opfern.
Gregor wollte nur Bier und Zigaretten, beides.
«Das wichtigste ist, daß du dich deutlich als Lutz Windig vorstellst, klar?» sagte Uli, der ihn kritisch gemustert hatte.
«Ich hab schon alles verstanden. Und mir wird noch was Bombiges einfallen. Keine Sorge.»
Dem fiel bestimmt was Bombiges ein, aber ob es uns gefallen würde, da hatte ich meine Zweifel. Siegfried strahlte und schwitzte. Er legte wieder eine Platte auf, viel zu laut. Es herrschte ein irrer Lärm. Uli tanzte mit zwei Mädchen gleichzeitig, dabei schmiß einer von den dreien eine abgestellte Bierflasche um, der PVC-Florentiner-Kachel-Imitations-Fußboden schwamm im Bier.
Siegfried hatte kein Mädchen, er tanzte für sich allein. Mutter Hummel erschien, sah sich um, sah den Biersee und rannte, um einen Wischlappen zu holen.
«Wo kommt bloß das Bier her?» rief sie. «Haben wir euch nicht Alkohol verboten?»
Ein verrücktes Bild, wie Siegfrieds Mutter mit dem Aufnehmer zwischen den Beinen der Leute rumwurstelte! Wirklich verrückt. Die meisten benahmen sich, als wären sie bereits völlig beduselt. Klaus war mir abhanden gekommen. Ich suchte ihn und fand ihn tanzend mit einem der Mädchen, die Uli mitgebracht hatte. Sie hatte blaue Lidschatten und langes rotstichiges Haar, eine Strähne

davon versuchte sie um Klaus' Hals zu wickeln. Wie tanzte er denn mit der! Als ob sie sich seit langem kennen! Sie wackelte mit dem Po, und Klaus hielt ihre Haare fest. Ich stand herum und ärgerte mich, weil Klaus mich nicht zu vermissen schien.
Jemand umarmte mich von hinten. Uli!
«Komm, Mariechen, jetzt tanzen wir mal. Klaus ist ja beschäftigt!»
Ich wollte nichts von ihm wissen, aber er hielt mich so fest, daß ich nicht entkommen konnte.
Wir tanzten also.
«Sieht aus, als ob Klaus eine neue Freundin hätte», sagte Uli.
Dieser gemeine Hund.
Siegfried schaltete die Lampen aus, es wurde fast dunkel, nur ein paar Kerzen gaben Licht. Ich mußte mich an die schummrige Dämmerung gewöhnen. Uli quetschte mich an sich.
«Jetzt reicht es mir!» sagte ich und machte mich los.
«Du bist eine zickige Kratzbürste», schnurrte Uli und schien gar nicht beleidigt.
«Du langweilst mich!» sagte ich leise.
«Und du langweilst Klaus!» erwiderte er ebenso leise. «Warum kommt er denn gerne zu mir? Vielleicht weil ich manchmal Mädchen einlade, zum Beispiel die Christa, mit der tanzt er gerade, die hat er auch bei mir kennengelernt. Sieht sie nicht gut aus? Sie mag deinen Klaus auch gerne.»
Es war zu eng im Keller. Mir wurde flau. Ich mußte mich zusammennehmen. Ich durfte nicht zeigen, wie mir zumute war.

Uli verdrückte sich. Er wußte wohl, daß sein Schlag gesessen hatte.
Siegfried tanzte mit einem Mädchen vor meiner Nase, er rubbelte mit seinen großen Händen ihren Rücken rauf und runter. Ich sah es und sah es doch nicht. Das Mädchen wehrte sich: «He, du reibst mir ja den Stoff von der Bluse!» sagte sie.
Ich hörte es und hörte es doch nicht richtig.
Klaus hatte eine andere, von der er mir nichts gesagt hatte, und vielleicht schmuste er mit der. Ich war ihm gar nicht so viel wert. Was fand er an der anderen, was machte sie begehrenswert? Blaue Lidschatten. Das war bloß Schminke. Aber Schminke ist ein Signal: Ich mach mich schön für euch! Seht mich an! Ich bin hübsch! So was konnte ich nicht.
Ich fühlte so viel für Klaus, aber was wußte er davon? Es stand ja nicht auf meiner Stirn geschrieben, trotzdem müßte er es wissen. Hatte ich es ihm nicht gezeigt? Und er?
O dieser Uli, diese Kartoffel! Klaus wollte so erfolgreich sein wie Uli, natürlich, da konnte man ihn leicht für ein Spielchen gewinnen.
Ich spielte nicht. Ich konnte nicht spielen.
«Wie sitzt du denn da rum?» fragte Klaus. Plötzlich war er neben mir.
«Hast du wieder Zeit für mich?» fragte ich.
«Komm, spiel nicht die beleidigte Leberwurst. Das steht dir nicht.»
«Spiel nicht den Playboy, das steht *dir* nicht!» fauchte ich.
«Was ist denn mit dir los?» sagte Klaus überrascht.
Ach, der ahnungslose Engel!

Ich wurde wütend.
Ich sah die Bierlachen auf der Erde, die Zigarettenstummel, die leeren Flaschen – über allem dudelte die Schnulzenmusik. Ich hatte die Nase voll.
«Ich geh jetzt nach Hause.»
«Jetzt doch noch nicht! Es ist erst halb neun. Eigentlich müßte die Party erst noch losgehen. Bleib doch!»
«Nein, es gefällt mir nicht.»
«Spielverderber!» sagte Klaus. «Ich bleibe noch.»
Ich stand auf. Er kam nicht hinter mir her. Vielleicht hätte es noch gut werden können, wenn wir miteinander gesprochen hätten, aber er kam nicht mit. Dann eben nicht! Ich ging. Für mich war die Party aus. Jetzt wollte ich keinen mehr sehen, am wenigsten Klaus.

17

Den Sonntag habe ich in meinem Zimmer verbracht. Platten gehört, nachgedacht. Es kam nicht viel dabei heraus, nur daß ich gleichgültig tun wollte, überlegen. Nicht beleidigt, nicht traurig, nur kühl.
Klaus rief an. Ich hatte meinen Brüdern eingeschärft, ich sei nicht zu Hause, wenn ich am Telefon verlangt würde. Nachher tat es mir leid, nicht doch mit ihm gesprochen zu haben. Es ist blöd, daß das, was einem anderen weh tun soll, einem selbst am meisten weh tut.
Am Montag mußte ich wieder zur Schule gehen. Ich war ja nicht krank, hatte kein Fieber oder so.
Das Wetter paßte genau zu meiner Stimmung. Es regnete, es regnete. Zum ersten Mal in diesem Herbst war es richtig kalt.
In der Schule war geheizt.
Als ich den Klassenraum betrat, sah ich Klaus sofort. Er sah aus wie immer. Am Wochenende hatte ich in Gedanken versucht, ein Scheusal aus Klaus zu machen – und jetzt sah er aus wie immer, so nett wie immer.
Ich stellte mich an die Heizung, mich fror. Jemand sammelte Geld ein. Jeder sollte eine Mark für Gregors Schauspiel spendieren. Klaus kam zu mir, ich sah ihn kommen und bemühte mich, ein gleichmütiges Gesicht zu machen.
«Du bist bestimmt sauer auf mich», fing er an.
«Warum sollte ich?»
«Du bist bei Siegfrieds Fete einfach weggegangen, ich bin geblieben. Das stinkt dir, das merke ich doch. Also sag, was los ist.»

«Was soll schon los sein?»
«Ich weiß es nicht genau, ich will es von dir wissen.»
«Romeo und Julia wieder vereint?» fragte Uli. «Ich will nicht stören, ich will bloß Geld von dir, Mariechen!»
«Ich hab keins bei mir.»
«Ich kann es dir leihen», sagte Klaus.
«Laß nur, ich bring es morgen mit!»
«Dicke Luft, was?» Uli zog eine Grimasse.
«Mensch, verdufte!» sagte Klaus. «Wir müssen was besprechen.»
Er legte wie schon oft seinen Arm um meine Schultern.
Ich guckte verzweifelt auf meine Fußspitzen, er sollte meine Augen nicht sehen.
«Du zitterst ja.»
«Mir ist kalt.» Meine Stimme klang schon nicht mehr normal.
Im Türrahmen erschien Meier, Erdkunde.
Klaus' Arm hatte sich wie eine Zentnerlast angefühlt, ich war froh, ihn loszuwerden. Ich war froh, mich hinter meinem Vordermann verstecken zu können.
Der Unterricht hatte irgendwas mit Baumwolle zu tun, das war gut, Baumwolle ging mich nichts an. Ich versuchte, einen Entschluß zu fassen: Rede ich mit ihm, oder rede ich nicht mit ihm. Es schien mir unmöglich, kühl zu bleiben, ich war es ja nicht, und zur Schauspielerin bin ich nicht geboren.
In der großen Pause wollte uns der Aufsichtslehrer auf den Schulhof hinaustreiben. Keiner wollte gehen, draußen pfiff ein ruppiger Wind. Aber wir mußten raus.
Ich hakte mich bei Tilde ein, die ja pausenlos erzählen kann, ohne zu merken, daß der andere nicht zuhört.

Irgendwo stand Klaus herum. Ich lenkte Tilde in eine andere Richtung.
Wenn Klaus und ich miteinadner reden sollten, dann nicht auf dem Schulhof und schon gar nicht in Gesellschaft! Und so ging ich ihm den ganzen Tag aus dem Weg. Ein mieser Tag.
Nach Schulschluß kam Klaus hinter mir her, nahm meine Hand, wartete mit mir an der Bushaltestelle. Er erzählte etwas, weshalb er am Nachmittag keine Zeit hätte, zu mir zu kommen, obwohl wir ja gar nicht verabredet waren. Er brauchte mir doch seine Zeiteinteilung nicht zu erklären! Jetzt nicht mehr! Es ging um Gregors Auftritt in der Schule. Der sollte ja morgen stattfinden. Sie wollten sich bei Uli treffen.
«Bei Uli?» fragte ich.
«Ja, es kommen nur ein paar aus der Klasse. Wir wollten Gregors Auftritt richtig einstudieren, auf Siegfrieds Fete hatten wir keine Gelegenheit dazu.»
«Kommt die Christa auch?»
Klaus stutzte.
«Ach, du bist eifersüchtig?» sagte er.
So einfach ist das! Wenn ich eifersüchtig bin, bin ich im Unrecht. Eifersucht ist blöd. Er hatte eine einfache Erklärung für mein Verhalten: Eifersucht. Abgestempelt. Erledigt.
Jetzt mußte er mir doch sagen, daß er Christa bei Uli kennengelernt hatte. Nein, er sagte nichts. War er zu feige?
Wir stiegen zusammen an meiner Haltestelle aus, er begleitete mich. Vor der Tür fragte er: «Hast du morgen Zeit?»
«Ich weiß nicht.»

«Übrigens, die Christel kommt nicht zu Uli.»
«Es geht mich ja nichts an.»
Er stand hölzern herum. Bloß um etwas zu tun, schob er seine Schultasche unter den rechten und dann wieder unter den linken Arm.
«Sag doch was!» fing er an.
«Willst du mir nichts sagen?» fragte ich zurück.
«Aber ich weiß nicht was, was ist denn los?»
Wie konnte er so unschuldig tun?
«Gar nichts», sagte ich, drehte mich um, schloß die Haustür auf und ging nach oben.

Kerstin fand, daß ich das alles viel zu tragisch nähme.
«Du bist nicht emanzipiert!» sagte sie und lachte. «Was hat er denn schon groß verbrochen? Hat ein nettes Mädchen kennengelernt, tanzt mit ihr und läßt dich von einer Party allein nach Hause gehen. Na und?»
«Ich dachte, wir gehören zusammen! Er hat diese Christa vor mir verheimlicht, Uli sagt . . .»
«Glaub dem nicht, es kann doch sein, daß Klaus die Sache mit der Christa für belanglos hält . . .»
Was Kerstin sagte, tröstete mich beinahe.
Aber die Begegnung in der Stadt gab mir den Rest. Es war einen Tag vor Gregors geplantem Auftritt. Ich klapperte die Geschäfte ab, um einige Sachen für Mutti einzukaufen. Ich kam aus der Metzgerei, auf der anderen Straßenseite standen zwei vor einem Schallplattengeschäft. Klaus! Und neben ihm ein Mädchen. Sie zeigte ihm etwas und beugte sich zu ihm. Sie drehten sich um, und beide lachten. Es war diese Christa. Und er hatte gesagt, daß er sie nicht bei Uli treffen würde . . . Diesmal ohne Lidschat-

ten, ihre Jeans steckten in Westernstiefeln. Obenrum trug sie einen riesengroßen, weiten Grobstrickpullover.
Sie liefen mir direkt vor die Füße. Ich wollte schnell in den Laden zurück, aber da hatte Klaus mich schon gesehen.
«Hallo, Mariechen!» sagte er schnell.
«Tag», sagte ich und ging an den beiden vorbei.
Ich mußte noch zur Apotheke. Ich hab alles erledigt, sogar richtig. Geheult hab ich erst zu Hause in meinem Bett.

18

Ich hätte am nächsten Tag zu Hause bleiben können, denn ich fühlte mich echt krank. Ich hatte keine Lust, den Rest der Lutz-Windig-Geschichte mitzuerleben. Jeder Gedanke tat weh im Kopf. Aber die Schule ging ja weiter. Meine Mutter, die genau wußte, was los war, hätte mich gerne in Watte gepackt. Sie behandelte mich so rücksichtsvoll – mir war das noch nicht einmal recht. Man heult einfach mehr, wenn man bemitleidet wird. Und deswegen ging ich lieber zur Schule. Sonst hätte Klaus noch gedacht, daß ich aus Liebeskummer die Schule schwänzte!
In den ersten beiden Stunden hatten wir Englisch bei Frau Wulff, zähe Stunden. Alles spielte sich hinter einer Glaswand ab. Worte, Stimmen drangen in meine Ohren, aber nichts ergab einen Sinn. Ich meldete mich nicht, denn ich wußte nichts. Mein Kopf war ganz leer. Ich versuchte, Klaus überhaupt nicht zu sehen, aber ich hatte das Gefühl, irgendwie von ihm und seinen Blicken angezogen zu werden. Ich drehte mich einmal zu ihm um, und tatsächlich sah er mich an. Er lächelte verlegen. Ein Lächeln wie eine Entschuldigung.
In der Zehn-Uhr-Pause kam Gregor angeschlendert, die Hände in den Taschen angewachsen, krausköpfig, selbstbewußt.
Er trug sein Hemd über der Hose, es schaute unter der Jeansjacke hervor, eine schwarzgrau gefärbte Windel zierte seinen Hals.
«Hei!» sagte er. «Alles klar?»
«Spitze!» lobte Uli seinen Aufzug.

Gregor bot Zigaretten an, auch Klaus. Aber der lehnte ab. Er rauchte sowieso nicht. Rauchen ist auf dem Schulhof verboten. Gregor steckte sich eine an, paffte auffällig, aber die Aufsicht war weit weg. «Schade, daß mich keiner zur Ordnung ruft!» sagte er. «Ich hatte mir schon ein saftiges Sprüchlein zurechtgelegt.»
«Ist er nicht ein Superknüller?» fragte Siegfried und legte seinen Arm um Gregor.
«Er zeigt ihnen, was Vorschriften wert sind und was dann los ist, wenn sie es zu weit damit treiben!»
Klaus blieb zurückhaltend. Er kam plötzlich zu mir und sagte: «Das ist ja Personenkult!»
«Es ist dein Lutz Windig», sagte ich mit gespielter Gleichmütigkeit.
«Der wird heute platzen», sagte Klaus. Und dann: «Sei doch nicht so!»
Die Pausenglocke schrillte. Der ganze Schwarm Klasse 9b mit Gregor in der Mitte schob sich ins Schulgebäude. Erwartete Klaus etwa zwischen Tür und Angel eine Antwort von mir? Da konnte er lange warten.
Die Regisseure hatten sich das so ausgedacht: Gregor sollte mit Siegfried erst in die Klasse kommen, wenn Bulle schon drin war.
Ich betrachtete Herrn Bulle, wie er ernst und ohne Freundlichkeit an seinem Pult stand. Es lag Spannung in der Luft. Sie mußte sich auch auf ihn übertragen. Er sah sich mit seinem kalten Brillenblick um. Kein nasser Schwamm auf seinem Stuhl? Kein Weckerticken im Schrank? Ich konnte förmlich spüren, wie er sich gegen die innere Unruhe wappnete. Er brauchte ein Korsett, um hart zu sein.

Bulle gab Tilde einen Packen Zettel, die er für den Unterricht vorbereitet hatte.
Er sagte noch nicht einmal guten Morgen.
Die Tür wurde aufgerissen. Siegfried und Gregor, Arm in Arm, kamen hereingeschaukelt, als seien sie in seliger Weinlaune.
«Hallo, hier bin ich!» rief Gregor laut.
«Was willst du hier?» fragte Bulle irritiert.
«Ich bin doch Lutz Windig. Dies ist meine Klasse. Kennen Sie mich denn nicht? Sie haben mir doch schon eine Fünf verpaßt!» Gregor lächelte breit. Alle lachten.
«Na, endlich, Lutz!» rief Uli.
«So, du bist also Lutz Windig! Das Gespenst der Klasse. Setz dich, wir reden nach der Stunde.»
Gregor warf sich auf einen Stuhl neben Dieter Wolle. Da war ein Platz frei. Gregor lümmelte sich auf den Stuhl, die Beine weit von sich gestreckt. Er nahm seinen Kamm heraus und zupfte durch seine Lockenpracht.
Er kicherte pausenlos.
Tilde kam mit den Zetteln, die sie austeilen sollte, auch an seinen Platz, und er klatschte mit der flachen Hand auf ihren Po.
«He, bist du verrückt?» quietschte sie.
Aufdringlicher Kerl, dieser Gregor. Und Bulle ignorierte ihn, nahm noch nicht einmal Notiz von Tildes Gequietsche, auch nicht vom Gelächter in der Klasse.
Ihm ging es um den geordneten Unterricht, den mußte er irgendwie durchziehen.
«Ruhe jetzt!» sagte er. «Wir haben in der vorigen Stunde den Absolutismus definiert. Heute habe ich euch einige schematische Darstellungen der französischen Gesell-

schaftsordnung mitgebracht. Wir wollen zusammen die Bedeutung herausarbeiten. Klaus, du beginnst!»
Klaus kam nicht zu Wort.
«Ich möchte etwas dazu sagen!» brüllte Gregor.
«Jetzt ist Klaus Paßmann dran!» Bulle blieb ruhig.
«Komme ich hier nicht zu Wort? Das ist ja ein tolles Ding! Ich will zum Unterricht beitragen, und ich werde einfach nicht drangenommen! Das ist ein Frust!»
Jetzt konnte Bulle die Sache nicht mehr übergehen, er mußte reagieren. Ließ er ‹Lutz› reden, oder bestand er darauf, daß Klaus an der Reihe war? Bulle war nervös.
«Du kommst auch noch dran! Aber zuerst Klaus», sagte er.
Aber Klaus lachte so, daß er eine Träne aus den Augen wischen mußte. Wie sollte er entziffern, was auf dem Zettel stand?
Klaus begann zu lesen: «Adel, Klerus, Bürgertum ...»
Gregor unterbrach ihn. Zuerst warf er seinen Stuhl um, dann grölte er: «Ich sehe hier eine grüne Stange ...»
«Säule», verbesserte Uli.
«Gut, Säule, klar, das heißt Landwirtschaft! Nein, das müssen die Grünen sein, Umweltschützer! Grün, grün, grün sind alle meine Farben», sang er.
Siegfried sang mit.
«Ruhe!» rief Bulle.
Es gab keine Ruhe. Alle genossen es, einen Lehrer entmachtet zu haben. Mir war kalt. Ich fühlte mich krank. Es war ein böses Spiel, einen anderen zu quälen, und sie quälten Bulle, das war klar.
Jetzt sangen sie: «Darum lieb ich alles, was grün ist, weil mein Schatz ein Umweltschützer ist!»

Bulle stand auf, ging auf Gregor zu, faßte ihn am Arm und sagte mit seiner gedrosselt leisen Stimme:
«Wir gehen zum Direktor!»
«Nicht anfassen!» schrie Gregor. «Was soll das? Ich will hier was lernen. Ich will nicht zum Direktor.»
Jetzt war es still.
«Los, komm!» befahl Bulle. Er ließ Gregor los, trat einen Schritt zurück, damit Gregor an ihm vorbeigehen konnte.
«Na schön, wenn es sein muß! Hallo, Freunde! Heute fällt Geschichte aus! Geht alle mit zum Direktor. Machen wir da weiter mit den Umweltschützern.» Langsam stand er auf, er überragte Bulle. Er klopfte ihm auf die Schulter und rief:
«Wir sollten mal ein Bierchen zusammen trinken, bist doch ein netter Kumpel. Vielleicht wird noch was aus dir!»
Das Gelächter war riesengroß. Aber Bulle verzog keine Miene. Stumm wartete er, daß Gregor zur Tür ging, dann folgte er ihm. Gregor winkte, warf Kußhändchen.
Das war eine kurze Vorstellung!
Als die beiden verschwunden waren, rannten viele zur Tür, um zu sehen, was weiter passierte.
«Ich hau ab, hat doch alles keinen Zweck mit der Bildung!» hat Gregor noch geschrien, plötzlich spurtete er los, Bulle ein paar Schritte hinter ihm her, aber Gregor war zu schnell, er war verschwunden.
Bulle kehrte zurück. Er sagte nichts.
Er forderte Klaus auf, die graphischen Darstellungen nun endlich zu interpretieren. Ruhig, alles ganz ruhig.
In der Pause war mir übel. Ich konnte das siegesfrohe Gequatsche der anderen nicht vertragen. Ich ging nach

draußen, obwohl es nur eine Fünfminutenpause war. Schnappte ein bißchen Luft. Ich war allein, und ich fühlte mich allein, abgerutscht, ausgerutscht, daneben. Ich gehörte nicht mehr dazu, nein, ich machte nicht mehr mit. So nicht. Wir mußten miteinander reden – Schüler und Lehrer, wie schon einmal mit Mami Treipel. Das mußte ich vorschlagen, damit nicht etwas passierte, das uns allen nicht gefallen konnte.

Zurück zur Klasse. Vor der Tür holte ich tief Luft, merkte, daß es dadrin vollkommen still war. Ich machte die Tür auf und sah sie stehen: Oberstudiendirektor Plotze, Studienrat Bulle, Studienrätin Treipel – eine Front vor der Front der Klasse 9b.

Ich ging leise auf meinen Platz.

«Ab sofort hört der Zirkus, den ihr an dieser Schule aufführen wollt, auf! Der heutige Streich war absolut der letzte! Wir werden eine Untersuchung durchführen und Lutz Windig von der Schule verweisen. Frau Treipel hat mir gegenüber einen Verdacht geäußert – ich hoffe, daß er sich nicht bestätigt. Bitte, Frau Kollegin, sprechen Sie!»

«Wer ist Lutz Windig?» fragte Mami Treipel.

Keine Antwort. Es war still.

«Ich habe von seinem Auftritt in der vorigen Stunde gehört. Ich behaupte, das war nicht Lutz Windig, sondern irgendein anderer Schüler. Es gibt überhaupt keinen Lutz Windig in der Klasse. Nun?»

Es blieb still.

«Uli, du bist Klassensprecher. Wir erwarten eine Antwort!» Unsere Mami Treipel streng, unnachgiebig, kühl.

Uli stand auf, blickte sich hilfesuchend in der Klasse um.

Klaus rutschte auf seinem Platz herum.
«Wenn Sie es schon wissen ...» sagte Uli endlich.
«Was soll das heißen?» fragte Dr. Plotze.
«Na, es gibt keinen Lutz Windig.»
«Das gibt es doch gar nicht!» flüsterte Bulle. «Es gibt keinen Lutz Windig? Wie ist das möglich? Er wird in unserer Schülerkartei geführt, steht im Klassenbuch, bekommt laufend Tadel ...»
«Aber wir haben ihn nie gesehen! Heute morgen taucht er auf und rückt wieder aus!» sagte Frau Treipel. «Ich war schon seit Tagen im Zweifel und habe Nachforschungen angestellt. Zwei Tadelbriefe kamen als unzustellbar zurück. Die angegebene Telefonnummer stimmte nicht, beim Einwohnermeldeamt erfuhr ich, daß es weder eine Gerda Windig noch einen Lutz Windig gibt. Da kam mir der Gedanke, er sei ein Phantom, eine Ausgeburt eurer Phantasie. Wie habt ihr das gemacht?»
«Wer hat das angezettelt?» rief Dr. Plotze erregt.
Keiner meldete sich. Ich sah Klaus an.
«Los, Uli!» forderte Frau Treipel. «Raus damit!»
«Ich weiß nicht», sagte Uli.
«Das ist eine Lüge!» rief Dr. Plotze erbost. «Daran ist doch die ganze Klasse beteiligt!»
«Ich», sagte Klaus und stand auf, «ich habe den Lutz erfunden. Ich hatte einen Anmeldezettel für die Sonderkurse zuviel bekommen. Diesen Zettel hab ich auf den Namen Lutz Windig ausgefüllt und abgegeben. Ich hatte nicht gedacht, daß das klappen würde. Aber dann ...»
«Du allein?» fragte Mami Treipel.
Niemand meldete sich und sagte: Wir haben alle mitgemacht. Keiner. Klaus stand etwas verloren herum.

Die da vorn ließen sich Zeit.
«Ich hab auch mitgemacht!» rief ich.
«Halt dich raus, Mariechen», sagte Klaus.
«Ich habe mitgemacht und alle anderen auch», sagte ich laut.
«Das stimmt!» rief Wolle.
«Da hängen wir alle drin!» sagte Siegfried.
«Wir werden eine Elternversammlung einberufen. Die Rädelsführer müssen ermittelt und mit Strafe belegt werden. Es handelt sich hier um Betrug, Urkundenfälschung, Unterschriftenmißbrauch und groben Unfug. Das reicht aus, um die Rädelsführer von der Schule zu verweisen. Die Elternversammlung findet am Samstag um sechzehn Uhr hier in diesem Raum statt. Bis Montag darf keiner von euch die Schule betreten. Ihr seid jetzt entlassen.»
Die Front vorne löste sich auf. Mami Treipel sah uns mit unglücklichem Gesicht an. Dr. Plotzes Entscheidungen waren schnell und hart getroffen worden. Vielleicht war sie selbst überrascht davon. Nur Bulle hatte ein kleines Lächeln auf den Lippen. Bevor die drei draußen waren, fiel kein einziges Wort. Das war's. Die Geschichte war zu Ende.
Alle waren bedrückt.
Niemand lachte, als Uli sagte: «Nun ist er gestorben! Friede seiner Asche, armer Lutz!»
Siegfried wimmerte: «Elternversammlung! Urkundenfälschung! Betrug! Rädelsführer!»
Uli wollte uns aufheitern: «Sie können nicht eine ganze Klasse von der Schule verweisen; wenn wir zusammenhalten, stehen sie immer noch dumm da!»

«Zusammenhalten? Ihr hättet Klaus ganz schön hängen lassen!» sagte ich böse.
«Rädelsführer!» schrie Siegfried. «Ich komm mir nicht so vor!»
Wir waren ratlos. Wir konnten nur abwarten, was über uns verhängt wurde. Beim Nachspiel wirkten wir nicht mehr aktiv mit, da spielten Lehrer und Eltern Hauptrollen.
Keiner hatte Lust, nach Hause zu gehen, schließlich würde man nur gefragt werden, warum wir so früh nach Hause kämen. Wir trödelten bis zur Pause in der Klasse herum und gingen dann auf den Schulhof.
Irgendwie mußte die Geschichte von unserem Lutz durchgesickert sein, jedenfalls wurden wir von Schülern anderer Klassen umlagert. Alle wollten wissen, was gelaufen war. Jetzt kam Uli wieder groß in Stimmung: Haarklein und mit allen Einzelheiten erzählte er von Lutz Windig und unseren Abenteuern mit ihm. Je mehr die anderen lachten, um so lustiger schien die Geschichte zu sein. Niemand fragte noch nach dem Nachspiel, das jetzt auf uns zukam. Ich fand uns ziemlich blöd und dumm. Unauffällig verdrückte ich mich und fuhr nach Hause.

19

Noch am selben Tag wurden die Eltern benachrichtigt. Ich möchte nicht wissen, wie es in manchen Familien zuging. Ich hatte es gut, ich hatte meine Mutter ja immer auf dem laufenden gehalten. Sie überraschte nichts mehr. Aber was mochten Klaus' Eltern sagen? Klaus steckte so tief drin in der Sache.

Den ganzen Tag wartete ich, daß er anrief. Schließlich rief ich bei ihm an. Frau Paßmann war am Apparat, Klaus war zwar zu Hause, aber er hatte Arrest und durfte nicht telefonieren. Das sagte schon alles.

Am Abend habe ich ferngesehen. Das ganze Programm habe ich durchgestanden, ich wollte nicht denken und nachdenken.

Am anderen Tag wäre ich gerne zur Schule gegangen. Abscheulich, aus der Schule ausgesperrt zu sein! Ich hätte nicht gedacht, daß eine solche Strafe auch treffen kann! Mich traf sie, denn ich konnte Klaus nicht sehen, von allem fühlte ich mich abgeschnitten.

Wenn das Telefon klingelte, raste ich hin – aber die Anrufe waren nicht für mich.

Schellte es an der Tür, so rannte ich hin, vielleicht, vielleicht kam Klaus! Er kam nicht.

Nachmittags besuchte mich Kerstin. Ich freute mich. Sie brachte eine Zeitung mit.

«Ihr seid Flöten!» sagte sie lachend. Ich konnte nicht verstehen, warum sie so strahlte.

«Lies mal!» sagte sie und schlug den Lokalteil der Zeitung auf. ‹*Phantom geistert durchs Klassenbuch – Schülerstreich*

im Gymnasium.› Ich las unsere Lutz-Windig-Geschichte, hübsch journalistisch aufgemacht. Da hatten die Bürger der Stadt was zu lachen! Der Artikel endete mit dem Satz: ‹*Die Schulleitung kündigte exemplarische Strafen an.*›
Kerstin las noch einmal mit, legte den Finger auf einige Zeilen. Da wurde zum Beispiel erzählt, daß eine Toilettentür zertrümmert worden war, ein wertvolles Bild aus dem Musiksaal sei zerstört, und Schmierereien an den Wänden der Gänge – das alles habe Lutz Windig verantworten müssen.
«Da stimmt doch einiges gar nicht!»
«Ist doch egal, jedenfalls lacht die ganze Stadt über eure Erfindung. Du glaubst gar nicht, wie sich die Lehrer an unserer Schule amüsiert haben! Schadenfreude, klar!»
«Laß mich bloß in Ruhe. Ich will von dem ganzen Mist nichts mehr wissen.»
«Wie geht es denn weiter? Jetzt kommt der Regen über euch, was?»
«Meinst du, wir sollten alles über uns ergehen lassen wie Regen? Kann man nichts mehr tun? Die Erwachsenen sitzen über uns zu Gericht, und die Angeklagten haben keinen Verteidiger ...»
Da kriegte ich eine Idee. Ich sprach mit Kerstin darüber, und dann rief ich Mami Treipel an.
«Ach, du bist es, Marlies. Bei mir geht dauernd das Telefon ...» Ihre Stimme klang müde.
«Ist Ihnen nicht gut?» fragte ich.
«Ehrlich gesagt, nein. Daran ist eure Klasse nicht ganz unschuldig!»
«Das tut mir leid. Das haben wir bestimmt nicht gewollt. Ich wollte Sie darum bitten, bei der Elternversammlung

unser Verteidiger zu sein. Ich denke nämlich, daß bei jedem Gericht auch ein Verteidiger da sein muß ...»
«Halt, Marlies. Das ist doch kein Gericht! Und ich bin betroffen. Ich kann keine Verteidigerrolle übernehmen. Weißt du eigentlich, daß ihr mich auch ganz schlimm reingelegt habt? Ich habe zu hören gekriegt, daß ich den Betrug viel früher hätte aufdecken müssen ...»
«Ich weiß», sagte ich schnell, «das haben wir befürchtet. Trotzdem wäre doch jetzt eine Gelegenheit, miteinander zu sprechen – Schüler und Lehrer. Wenn alles über unseren Kopf hinweg geschieht, fühlen wir uns wieder ungerecht behandelt.»
«Du unterstellst, daß wir Lehrer automatisch ungerecht sind.»
«Nein, nein ...»
«Das Image der Schule ist durch euren Lutz Windig so angekratzt, daß man die Ordnung unbedingt wieder herstellen will. Dazu gehört, daß die Verantwortlichen aus der Klasse bestraft werden.»
«Das ist so einseitig!»
«Ihr habt auch einseitig gehandelt», sagte Mami Treipel. «Aber gut, ich werde deinen Vorschlag weitergeben. Mehr kann ich nicht tun.»
«Vielen Dank. Es hat nicht viel Zweck, wie?»
«Wir sind keine Unmenschen, wir Lehrer, das weißt du doch, Marlies, aber ihr habt so viel Feindseligkeit ausgesät, ihr werdet sie auch ernten.»
Kerstin hatte alles mitangehört. Sie sah bedröppelt aus.
«Und dabei lachen alle über euren Streich. So schlimm kann es doch nicht sein!»
Die Elternversammlung fand statt ohne einen Verteidi-

ger. Der Vorschlag war glatt abgelehnt worden.
Mutti ging hin. Nachher berichtete sie, sie sah übrigens ganz mitgenommen aus, als sie heimkam.
So, wie die Lehrer unsere Streiche darstellten, waren wir alle Verbrecher, abgebrüht und kaltblütig. Das schlimmste Verbrechen war, daß die Autorität der Schule untergraben worden war.
Strenge Strafen, harte Maßnahmen!
Klaus Paßmann – seine Eltern fielen aus allen Wolken –, Uli Körner und Siegfried Hummel sollten von der Schule verwiesen werden. Aber da haben die Eltern protestiert. Nein, nicht protestiert, sie haben gebeten, ihren Söhnen noch eine Chance zu geben. Sie wollten sich stark machen, ihre Söhne beeinflussen, so daß sich solche Vorfälle nicht wiederholen könnten. Nach langem Hin und Her gelang es den Eltern, vor allem Klaus' Vater, die Lehrer zu überzeugen. Man einigte sich, die drei in andere Klassen zu verteilen. Es gab ja vier Parallelklassen der Neun.
Die Klassenfahrt wurde gestrichen. (Wir sollten im Frühjahr zusammen nach Berlin reisen.) Jeder Schüler bekam eine Notiz in der Schülerakte. Und beim geringsten Vergehen gegen die Schulordnung ...
«Ich verstehe euch nicht», jammerte Mutti. «Ich verstehe euch nicht!»
Was sollte ich sagen? Mir war das Herz schwer. Klaus nicht mehr in meiner Klasse! Wenn ich mich umguckte, würde er nicht mehr auf seinem Platz sitzen. Wenn ich doch wenigstens mit ihm reden könnte!
Am Sonntag rief plötzlich Uli Körner bei uns an. Sagte, er trommle alle zusammen. Wir müßten uns treffen und die Lage besprechen.

Treffpunkt Café Buhlmann um vier Uhr.
Ich ging hin. Ich dachte, Klaus kommt auch.
In der Kneipe saß Uli, allein. Vor ihm stand eine Cola.
Er sah nicht gerade fröhlich aus.
«Wo sind die anderen?» fragte ich.
«Ich glaub, es kommt kein Mensch, alle haben Hausarrest. So ein Mist! Sie kriegen uns ganz schön klein», knurrte er.
Ich setzte mich. Ich wollte wenigstens eine halbe Stunde warten. Auch wenn Uli nicht die beste Gesellschaft für mein angeschlagenes Seelenleben war.
«Wie ist es bei dir zu Hause?» fragte ich ihn.
«O Mann, hör auf. Meine Mutter fällt von einem Extrem ins andere. Erst verdammt sie mich, dann trauert sie um meine Zukunft, dann gibt sie ihrer verkorksten Ehe die Schuld, dann ruft sie meinen Vater an, er möge doch den nötigen Druck ausüben, na, das reicht! Ich bin abgehauen, so was hält man ja nicht aus.»
Ein paar Schüler unserer Penne, aber aus anderen Klassen, kamen ins Café und begrüßten Uli mit großem Hallo. Wir waren jetzt berühmt.
Sie wollten sich über Lutz Windig totlachen.
«Eine Cola für die Helden der Penne! Endlich ist doch mal was los!»
Klaus kam nicht. Klaus konnte nicht kommen. Ich hätt's mir an den fünf Fingern abzählen können.
«Na, dann Tschüß!» sagte ich nach einer Weile.
«Bleib doch noch!» bat Uli. Ich wollte nicht. Und das Gerede der anderen, die sich an unseren Tisch gesetzt hatten, wollte ich auch nicht anhören. Uli kam schon wieder in Stimmung, er stand ja auch im Mittelpunkt.

20

Montags gingen wir wieder zur Schule. Ich hatte sie vermißt. Vielleicht nur wegen Klaus, aber ich glaube, daß Schule so sehr zu unserem Leben gehört, daß wir sie vermissen, wenn sie ausfällt. Ich jedenfalls.
Ich guckte mir schon im Bus die Augen nach Klaus aus. Er war nicht da.
Unsere Klasse war eine Trauergemeinde. Alle hatten ein unerfreuliches Wochenende hinter sich und waren froh, wieder hier und zusammen zu sein.
Uli war nicht mehr da, Klaus nicht, Siegfried nicht.
Keiner machte faule Witze. Erste Stunde: Mathematik bei Dr. König.
«Na, meine Lieben», sagte er gönnerhaft, «eine gereinigte 9b erleichtert uns armen Lehrern das Leben. Da macht das Unterrichten wieder Spaß. Was guckt ihr so dumm? Ihr habt etwas fürs Leben gelernt: Wer Mist macht, muß ihn auch fressen!»
«Schadenfreude ist die reinste Freude!» sagte ich laut.
«Mariechen!» sagte Dr. König. «Hörte schon, daß du einen Verteidiger haben wolltest. Kein schlechter Gedanke! Im Vertrauen gesagt, als ich auf der Penne war, hab ich auch manchen Mist gemacht. Aber ich war wenigstens in fast allen Fächern eins bis zwei. Strengt euch an, dann ist alles nicht so schlimm!»
Und dann kam sein Unterricht, an dem war nichts auszusetzen.
In der Pause lief ich über den ganzen Schulhof, fand Klaus nicht. Ich suchte ihn in der 9a. Da saß Siegfried

mißmutig auf einem Platz in der ersten Reihe. Als er mich sah, leuchtete sein Gesicht auf.
«Hallo, Hummel!» sagte ich.
«Tag, Mariechen. Schön, daß du mich in der Verbannung besuchst!»
«Ist es so schlimm?»
«Ich nehm mir'n Strick und häng mich auf, wenn es so weitergeht.»
«Du machst schon wieder Witze!» sagte ich, aber so ganz wohl war mir nicht.
«Witze? Mädchen!»
Siegfried tat mir leid.
«Was meinst du, was mein neuer Klassenlehrer, der Wirtgen, zu mir gesagt hat?» Siegfried begann zu schauspielern. «Hier vorne wirst du sitzen, allein, damit ich dich ständig unter Kontrolle habe. Und wenn du nicht spurst, ab in die Wüste!»
Ich konnte es mir vorstellen.
«Aber die Leute in der Klasse sind ganz nett. Finden unseren Lutz Windig großartig.»
«Du findest bestimmt Anschluß», sagte ich.
Ich suchte weiter. Klaus war in der 9c. Er saß unter dem Kontrollblick einer Lehrerin und schrieb seinen neuen Stundenplan ab.
«Hallo, Klaus!» rief ich in die Klasse.
«Warte, ich bin gleich fertig», sagte er.
Er stand auf und kam zu mir.
«Die Pause ist gleich zu Ende!» rief die Lehrerin ihm nach.
«Ich weiß. Geht in Ordnung!» sagte Klaus.
Wir machten die Klassentür von außen zu. Wir standen

uns gegenüber. «Mariechen!» sagte Klaus. Er sagte es so zärtlich, daß ich zum erstenmal seit einer Ewigkeit wieder froh wurde.
«Wie geht es dir?» fragte ich.
«Mies, aber die Hauptsache ist, daß du gekommen bist. Ich wäre schon längst zu dir gekommen, wenn es nur möglich gewesen wäre. Ich konnte mich noch nicht mal melden. Sie haben mich bewacht und das Telefon bewacht. Nichts ging mehr. Junge, Junge! Meine Eltern sind so systematisch! Und völlig aus allen Himmeln gerissen. Ein Trost ist nur Tina.»
Es klingelte. Schüler der 9c drängten an uns vorbei in die Klasse. Sie guckten neugierig. Wir sahen uns an. Ich wäre gern immerfort so stehen geblieben.
Die Welt war wieder in Ordnung.
«Warte am Bus auf mich. Ich warte auch auf dich!»
«Hm – m»
«Tschüß, Mariechen.»
Auf dem Steinboden unserer Flure kann man schön tanzen. Ich tanzte in meine alte Klasse, traf mit Uli zusammen, lachte ihn an.
Er trug eine Siegermiene zur Schau. Bloß nicht unterkriegen lassen! Nicht zeigen, was man fühlt. Vielleicht fühlte er auch gar nichts. Ich konnte mich nur über ihn wundern. Aber dann wurde mir klar, daß er seine Heldenrolle spielte: Ein paar seiner neuen Klassenkameraden umringten ihn, führten ihn freudestrahlend ab. Uli sorgte dafür, daß sein Ruhm durch die ganze Schule ging. Na ja!
In der dritten Stunde hatten wir Geschichte. Bulle erschien wie immer. Mit keinem Wort erwähnte er die Lutz-Geschichte. Er lächelte auch nicht schadenfroh. Er tat,

als sei nichts geschehen. Er brachte neue Fotokopien über die Gesellschaft zu Sonnenkönigs Zeiten mit. Und diesmal haben wir auch darüber gesprochen, so wie er sich das wünschte.

Die Ordnung war wiederhergestellt, man ging zur Tagesordnung über.

Ja, so war es. Ich hatte gedacht, wir würden über alles noch reden müssen, auch untereinander. Aber das merkwürdige war die Antwort, die ich auf meine Anregung bekam: «Mensch, hör auf! Lutz ist gestorben, damit basta. Wir haben unser Fett weg, basta.»

Die einzige, die noch einmal ein paar klärende Worte sagte, war Mami Treipel. Sie sagte, alle Maßnahmen seien getroffen worden nicht etwa als Strafe, sondern damit wieder gelernt und gearbeitet werden könnte. Darauf käme es doch in der Schule in erster Linie an.

Kein Widerspruch.

In der Pause sagte Tilde:

«Alles stinkt! Ich krieg den Erwachsenengeruch nicht mehr aus der Nase.»

21

Ich brauchte nicht zu warten, Klaus stand schon an der Bushaltestelle, als ich kam. Alles war wie immer. Der Bus kam, wir drängten uns mit den anderen hinein. Er war schrecklich voll. Wir standen nebeneinander. Klaus nahm meine Hand.

Der Bus ruckelte und zuckelte, und wir wurden zusammengeworfen. Wir lächelten uns zu.

«Wie ist es in der neuen Klasse?» fragte ich.

«Die Klassenkameraden sehen mich an, als erwarteten sie was von mir, und die Lehrer, als erwarteten sie nichts von mir.» Er zuckte mit den Schultern. «Es ist nicht so schlimm wie zu Hause.»

«Was machen sie denn?»

«Sie sprechen nicht mit mir. Ich bin eine Enttäuschung.»

«Das legt sich wieder», sagte ich und drückte seine Hand.

«Ich hatte Angst, daß du nichts mehr von mir wissen wolltest!» sagte Klaus leise.

Endlich, dachte ich, schneidet er das wichtigste Thema an. Ich wartete.

«Mit der Christa, das hat nichts zu bedeuten. Sie ist so ein Mädchen, das einen kassieren möchte. Sie war mal Ulis Freundin. Ich hab sie bei ihm kennengelernt. Sie war immer um mich rum. Ich fand nichts dabei – es war auch nichts dabei. Bestimmt nicht! Und an dem Nachmittag auf der Straße haben wir uns zufällig getroffen. Aber als du so da standst mit der Einkaufstasche in der Hand und mit so einem fürchterlichen Blick, da ... Du verstehst mich schon. Ich dachte, jetzt läuft sie mir weg. Sie läuft mir weg wegen gar nichts, weil ich so blöd war, mit der doofen Christa zu flachsen. Dabei hab ich doch bloß dich gern!»

Wir mußten aussteigen. Er nahm sofort wieder meine Hand.

«Ich hab es nicht verstanden», sagte ich.

«Dabei war nichts los. Das mußt du mir glauben. Es hat nur so ausgesehen.» Klaus sah mich an, ich glaubte ihm.

«Ich mag doch nur dich!» wiederholte er, und er sagte es ruhig und ohne Verlegenheit.

Meine Traurigkeit, meine Enttäuschung, meine Eifersucht flossen einfach aus mir heraus. «Aber Uli? Was ist mit Uli?» Auch auf Uli war ich eifersüchtig.

«Ach, der! Hast du nicht gemerkt, daß er sich am liebsten gedrückt hätte? Er hat mich bei dir schlecht gemacht und hat auch versucht, dich mieszumachen. Da war Schluß. Aus. Kein Bedarf mehr. Erledigt.»

Obwohl wir ganz langsam gingen, kamen wir viel zu schnell an. Klaus mußte sofort nach Hause. Seine Mutter kontrollierte ihn.

«Die haben ganz schön zugeschlagen», sagte er, aber es klang nicht traurig. Ich verstand, was er meinte: Schule, Lehrer, Eltern, die anderen Saiten, die sie aufgezogen hatten, die strengen Maßnahmen.

«Ich laß mich nicht unterkriegen. Und nichts tut mir leid. Gar nichts. Wenn ich etwas sagen will, dann sage ich es, die Schule werde ich durchhalten, weil ich es will. Der Lutz Windig war schon in Ordnung. Ich würde alles noch einmal machen.»

«Nicht alles», sagte ich und lachte. Mitten auf der Straße küßte ich ihn. Ich war froh, mannomann, so froh.

«Ich weiß schon Bescheid. Ich weiß jetzt ein bißchen besser Bescheid, meine Süße, meine Süße.»
Er ging weg. Ich blieb stehen, solange ich ihn sehen konnte, er winkte. Ich machte mir ein Lied mit einem Refrain:
Meine Süße, meine Süße.
Seine Süße, seine Süße, das bin ich.

Übrigens: als die Sache mit Lutz Windig schon fast vergessen war, tauchte er noch einmal auf. Das war bestimmt Ulis Einfall. In der nächsten Schülerzeitung erschien eine schwarzumrandete Traueranzeige:

Unser geschätzter Mitschüler,
Sündenbock und Unruhestifter
Lutz Windig
ist nach kurzem, erfülltem Leben von uns gegangen.
Er hat es zu seinen Lebzeiten verstanden, den Bürokratismus unserer Schulverwaltung restlos durcheinander zu bringen.
In stiller Trauer: Die Schülerschaft
In stiller Trauer um ihr Image:
Die Schulleitung
Die Beisetzung der Karteileiche erfolgte in aller Stille im Papierkorb des Sekretariats.

Ein Buch für junge Leser von
Otti Pfeiffer:

Zwischen Himmel und Hölle

Als sie ihm zum erstenmal begegnet, steht für Toni fest: Er ist ihr Traummann. Und Toni hat Glück. Sie kriegt ihren Andreas, der von sich sagt, er sei ein einsamer Wolf. Und sie kriegt eine eigene Wohnung. Sie baut ihm und sich ein Nest. Es macht nichts, daß er zwei linke Hände hat, als es darauf ankommt, beim Renovieren zuzupacken. Es macht nur ein bißchen, daß er ihre Freunde nicht mag. Hauptsache, er hat sie lieb. Doch obgleich sie ihm jeden Wunsch von den Augen abzulesen versucht, bekommt er immer häufiger den Ausdruck, den Toni so sehr fürchtet. Etwas läuft schief . . .

»Otti Pfeiffer legt hier einen engagierten und ergreifenden Roman einer ungleichen Liebe vor. Mit diesem meisterhaften Porträt einer Liebe von heute leistet sie einen wichtigen Beitrag zur Diskussion über Emanzipation und Gleichberechtigung.«

Münchner Merkur